改訂新版 サーバ構築の実例がわかる
Samba[実践]入門

髙橋基信
[著]

技術評論社

本書に記載された内容は、情報の提供のみを目的としています。したがって、本書を用いた運用は、必ずお客様自身の責任と判断によって行ってください。これらの情報の運用の結果について、技術評論社および著者はいかなる責任も負いません。

本書記載の情報は、第1刷発行時のものを掲載していますので、ご利用時には、変更されている場合もあります。ソフトウェアはバージョンアップされる場合があり、本書での説明とは機能内容や画面図などが異なってしまう場合もあり得ます。また、ご利用環境（ハードウェアやOS）などによって、本書の説明とは機能内容や画面図などが異なってしまう場合があります。

以上の注意事項をご承諾いただいた上で、本書をご利用願います。これらの注意事項をお読みいただかずに、お問い合わせいただいても、技術評論社および著者は対処しかねます。あらかじめご承知おきください。

◆ Microsoft Windows の各バージョンは米国 Microsoft Corporation の登録商標です。
◆その他、本文中に記載されている製品名、会社名等は、関係各社の商標または登録商標です

本書の表記について

本書では以下の表記を用いています。

・行をカッコで囲んだ表記・

説明の便宜上デフォルト値の設定（本来設定不要）を明示する際に用います。次に例を示します。

(security = user)

・行全体の斜体表記

必須ではない設定や、必要な場合に有効化してほしい設定を示す際に用います。次に例を示します。

obey pam restrictions = yes

・斜体表記

コマンドラインオプションやパラメータ表記などで、実際は適切な文字（列）に置き換える部分を示します。次に例を示します。

workgroup = *ADDOM*

```
$ ping 相手マシンのIPアドレス
```

その他、UNIX マシン上での実行例におけるプロンプト表記については、慣例に倣って以下の表記を使い分けています。

```
#  ← root権限での操作
$  ← 一般ユーザ権限での操作
```

また、ファイル内容を示す場合は、次のように薄地に黒文字を、

dos charset = CP932

コマンドの実行例を示す場合は、次のような黒地に白文字の表記を行っています。

```
$ ls -l
```

はじめに

　本書は Linux サーバのインストールやインストール後のパッケージの追加、ユーザ管理などが最低限できるものの、その先になかなか進めないという初心者を対象に執筆しています。
　先頭から読んでいくことで徐々に理解を深めることが出来るという「読みもの」形式を意識して執筆しています。枝葉末節的な機能の紹介は省く代わりに、具体的な設定例をなるべく多く掲載するように心がけました。

　なお、最近の Linux では GUI が充実してきており、GUI で出来る設定も増えていますが、本書で紹介するような細かい設定を行う際には設定ファイルを直接修正する必要があります。
　インストールや一部の操作だけであれば GUI で行うことも可能ですが、全体の整合性をとる意味でも、本書では基本的に端末（コマンドライン）からの設定を中心に説明を行っています。御了承ください。
　最近ではインターネット上に様々な情報が存在しており、ちょっと検索すれば大抵のことはわかります。Samba の設定についても例外ではありません。しかし、一方でよくわからないまま検索して見付けた smb.conf の設定をカットアンドペーストで設定してみたものの、期待した動作をなかなかさせることが出来ずに悩んでいる方も多いように思います。

　本書で詳しく説明している設定は、一つ一つをとれば決して高度なものではなく、むしろ基本的な設定の方が多いと思います。しかし、こうした基本的な設定の組み合わせをきちんと理解した上で設定できるかどうかが、実はサーバを意図した通りに動作させられるかの鍵だと考えています。

　改訂版の執筆に際して、基本的に執筆方針は変えずに全体として記述の最新化を行いましたが、需要が減少した NT ドメインに関する記述（5 章）については全面的にカットし、代わりに Samba 4.0 系列以降の新機能である、Active Directory のドメインコントローラ機能についての記述を追加しました。また初版では CentOS 5.4/Debian 5.0/FreeBSD 8.0 を対象としましたが、改訂版執筆に際しては、CentOS 7/Ubuntu 14.04 LTS/FreeBSD 10 に対象を変更しています。Windows クライアントについても、初版では Windows 7 ベースで記述していましたが、改訂版では Windows 10 での確認を行いました。

　本書の内容が、多くの Samba サーバ管理者の日常業務の助けになれば幸いです。

2016 年 2 月

髙橋 基信

目次

CONTENTS

第1章 Sambaの概要とインストール 13

1-1 Sambaとは 14

Sambaの機能概要 15
ファイルサーバ機能 15
プリンタサーバ機能 16
Active Directoryとの連携機能 16
Active Directoryドメインのドメインコントローラ機能 16
ネットワーク機能 17
クライアント機能 18

Sambaの沿革 19
Sambaの誕生 19
Sambaの隆盛 19
Sambaの混迷 19
そして、Active Directory機能の実装へ 20
Sambaのサポートポリシーとリリースポリシー 21
COLUMN Sambaのライセンス 22

1-2 Sambaサーバのインストール 23

CentOS 23
IPアドレスの設定 23
COLUMN nmtuiコマンド 24
Sambaサーバのインストール確認 24
Sambaのインストール 25
COLUMN HTTPプロキシ経由でのインストール 27
ファイアウォール設定の変更 27
COLUMN firewalldとゾーンの機能 29
SELinuxの無効化 29
COLUMN 「SELinux無効化」の是非について 30
Sambaの起動と停止 30

Ubuntu Server 31
IPアドレスの固定設定 31

4

Samba サーバのインストール確認 ... 32
Samba サーバのインストール ... 32
COLUMN HTTP プロキシ経由でのインストール ... 33
Samba の起動と停止 ... 34

FreeBSD ... 34
IP アドレスの固定設定 ... 34
Samba サーバのインストール確認 ... 35
パッケージからの Samba のインストール ... 35
Samba の起動と停止 ... 37
COLUMN ソースコードからの Samba のインストールと起動 ... 38

Samba の起動確認とプロセス構成 ... 39
Samba の実体 ... 39
Samba の起動確認 ... 40

Windows クライアントからのアクセスと動作確認 ... 41
Samba サーバへのアクセス ... 41
ファイアウォールやセキュリティの設定を確認する ... 42
TCP/IP レベルの接続を確認する ... 42

第2章 まずは動かしてみよう
Samba の基本設定とユーザ管理 ... 45

2-1 Samba の設定方法　46

smb.conf ファイルの設定 ... 46
コメント ... 47
セクションと共有名 ... 47
パラメータ ... 47
Samba 変数 ... 48
COLUMN smb.conf 記述のゆれ ... 49
空白文字の扱い ... 49
パラメータのシノニム、反意シノニム ... 49

smb.conf の設定確認と反映 ... 50
testparm コマンド ... 50
COLUMN 有効なパラメータ行の抽出 ... 52
設定の反映 ... 52

2-2 Samba の基本設定　53

日本語サポートと文字コード関連の設定 ... 53
文字コード設定の背景 ... 54
文字コード関連の設定 ... 54
COLUMN 複数言語版 Windows クライアントの混在環境 ... 54
COLUMN 文字コードに指定可能な値について ... 56

Microsoft ネットワーク関連の設定 ... 56
   コンピュータ名の設定 ... 57
   ワークグループ名の設定 ... 57
Samba が待ち受けるインターフェースの制限 ... 58
エラーメッセージ出力の抑止 ... 60
ログ出力の設定と Samba 動作状況の参照 ... 60
   出力するログの重要度の指定 ... 60
   ログファイルのパスとサイズ ... 61
   ログファイルの見方 ... 62
   smbstatus コマンドによる Samba 動作状況の確認 ... 63
   COLUMN Samba ビルド設定の参照 ... 64

2-3 基本的な Samba ユーザの管理   66

Samba ユーザの概念と認証処理 ... 66
   Samba の認証処理 ... 67
Samba ユーザの管理 ... 68
   Samba ユーザの作成、削除 ... 68
   Samba ユーザのパスワード変更 ... 69
   最短パスワード長の操作 ... 71
   Samba ユーザの有効化、無効化 ... 72
   Samba ユーザの情報確認 ... 72

2-4 Windows クライアントからのアクセス   74

Samba サーバの設定 ... 74
   COLUMN SELinux を有効にしている際の注意点 ... 74
Samba ユーザの作成 ... 75
Windows マシンからのアクセス ... 75
日本語ファイル名とロケール設定 ... 78
   COLUMN ロケール機構 ... 79

2-5 Samba の応用設定：認証編   81

UNIX ユーザのパスワードを Samba ユーザのパスワードを同期する ... 81
   パスワードの同期（CentOS、Ubuntu Server）... 81
   パスワードの同期（FreeBSD）... 81
Samba ユーザのパスワードを UNIX ユーザのパスワードを同期する ... 82
   CentOS ... 82
   Ubuntu Server ... 83
   FreeBSD ... 83

Windows ユーザと Samba ユーザのマッピングを制御する..84
　　COLUMN Samba ユーザに複雑なパスワードを強制する..85

第3章　究極のファイルサーバを作ろう！
Samba の応用設定（1）：ファイルサーバ編...................................87

3-1　実用的なファイル共有の基本　　　　　　　　　　　　　　　88

ファイル共有の基本..89
COLUMN SELinux を有効にしている際の注意点..90
基本的な共有のパラメータ..90

共有一覧における表示制御..91
「コメント」欄の設定..92
隠し共有の作成..92
COLUMN アクセスしてきたユーザによって共有一覧での表示、非表示を切替える.....93

複数ユーザ用のファイル共有..94
ファイル共有内に作成するファイルやディレクトリのパーミッションを制御する...............94
初期設定と動作確認..95

共有単位のアクセス制御..96
一部の IP アドレスからのアクセスのみを許可する..97
ファイル共有にアクセス可能なグループを制御する..97
一部のユーザ、グループに対してのみ書き込みを許可する..98
複雑なアクセス制御..98

ホームディレクトリの一括共有..99
COLUMN ホームディレクトリのパスの変更..100

3-2　一歩進んだファイル共有の設定　　　　　　　　　　　　　　101

ゲスト認証によるファイル共有へのアクセス..101
ゲスト認証の有効化と map to guest パラメータ..102
ゲスト認証によるファイル共有へのアクセス..102
誰でもアクセス可能なファイル共有..103
ダウンロード用のファイル共有..103

ファイル、ディレクトリの表示や読み取りの禁止..104
指定した名前のファイルの表示、アクセスを禁止する..105
特殊ファイルの表示、読み取りを禁止する..107
アクセス権のないファイルの表示、読み取りを禁止する..107

ファイル属性..109
拡張属性を用いたファイル属性の有効化..110
COLUMN 拡張属性の有効化..112
ドットファイルを自動的に隠しファイルにしない..113

強制的にファイルを隠しファイルにする 113
　　ファイルシステムの互換性に関する機能..113
　　　Visual Studio 用の設定（時刻精度とディレクトリの作成時刻を Windows 互換にする）....113
　　　シンボリックリンクの追跡...114
　　ごみ箱機能..115
　　　ごみ箱機能を有効にする..116
　　　ディレクトリ構造を保持する設定 117
　　　同一ファイル名のファイルを上書きしない設定..117
　　　古いファイルの削除...118
　　　巨大なファイルをごみ箱にいれない設定...118
　　　ごみ箱に入れないファイルを指定する設定..119
　　　複数ユーザ用のファイル共有でごみ箱を有効にする...119
　　アクセスの監査..120
　　　UNIX 標準機構によるアクセスの記録 120
　　　監査の設定...121
　　　full_audit のカスタマイズ 122
　　　COLUMN プリンタ共有の設定..123
　　　Samba によるプリンタ共有の概念..124
　　　プリンタ共有の設定...124

3-3　ACL による詳細なアクセス制御の設定　　　　　　　　　126

　　ACL の概要と UNIX の設定..127
　　　COLUMN ACL の有効化..128
　　　ACL の設定..129
　　　マスク 130
　　　ディレクトリとデフォルト ACL...130
　　Samba における ACL の操作と Samba グループ...131
　　　Windows クライアントからの ACL の表示..131
　　　Windows クライアントからの ACL の編集..132
　　　Samba グループ（ローカルグループ）..134
　　　UNIX の ACL と Windows のアクセス許可の対応づけ...137
　　　COLUMN 詳細なアクセス許可とのマッピング..138
　　　パーミッション rwx の対応づけ..139
　　　実行権ビットの扱い...139
　　　Windows クライアントからの ACL 操作機能の無効化...140
　　ACL の活用..141
　　　一般ユーザの ACL 変更を禁止する共有...141
　　　ファイル所有者以外によるパーミッションや ACL の操作を制御する 143
　　NTFS 互換モジュールによる NTFS 互換のアクセス許可のサポート 144
　　　共有の設定...144
　　　アクセス許可の初期設定..145
　　　アクセス許可の設定と UNIX 上の設定..146

第4章 Samba を Active Directory ドメインに参加させよう！
Samba の応用設定（2）：Windows 連携編 …………149

4-1　AD ドメインへの参加　150
- プラットフォームの前提条件 …………151
- AD ドメインへの参加手順 …………151
  - （1）AD ドメイン参加の事前設定 …………151
  - （2）Samba デーモンの停止 …………152
  - （3）smb.conf の設定 …………152
  - （4）AD への参加 …………153
  - **COLUMN** Active Directory への参加と Kerberos の設定 …………155
  - （5）Samba サーバの起動と動作確認 …………156
- AD ドメイン参加のトラブルシューティング …………157
  - 時刻同期のずれ …………157
  - Kerberos 関連のトラブル …………157
  - その他のトラブルシューティング方法 …………158
- UNIX ユーザの自動作成 …………158
  - **COLUMN** NT ドメインへの参加 …………159
  - （1）NT ドメイン参加の事前設定 …………159
  - （2）Samba デーモンの停止 …………159
  - （3）smb.conf の設定変更 …………160
  - （4）NT ドメインへの参加 …………160
  - （5）Samba サーバの起動と設定の確認、UNIX ユーザの自動作成 …………160

4-2　Winbind 機構のインストールと基本設定　161
- Winbind 機構の動作概要 …………161
- Winbind 機構のインストールとプラットフォームの前提条件 …………162
  - CentOS …………162
  - Ubuntu Server …………163
  - FreeBSD …………164
- Winbind 機構の基本設定 …………164
  - （1）smb.conf の設定 …………164
  - （2）Samba サーバ、Winbind 機構の起動と動作確認 …………165
  - （3）Windows クライアントからの動作確認 …………165
- Winbind 機構の作成するユーザ、グループ情報の設定 …………167
  - ユーザ名の変更 …………167
  - ユーザ情報の変更 …………168

	ホームディレクトリの自動作成	168
	pam_winbind モジュールのインストールと設定	169
	pam_mkhomedir モジュールのインストールと設定	169
	COLUMN PAM の設定ファイル	171
	root preexec パラメータによるホームディレクトリの自動作成と共有	172
	アクセス制御の設定	173
	ホームディレクトリのアクセス制御	173
	共有単位のアクセス制御と AD ドメインのユーザ	173
	ファイル単位のアクセス制御	174
	smb.conf の設定例	175

4-3　Winbind 機構の応用設定　　　176

Idmap バックエンドと UID、GID の統一 ... 176
　　Idmap バックエンドの種類と設定方法 ... 176
　　idmap config パラメータと tdb バックエンド ... 177
　　COLUMN 旧バージョンでの設定 ... 178
　　rid バックエンド ... 179
　　nss バックエンド ... 180

Idmap バックエンドと UNIX 属性の活用 ... 180
　　UNIX 属性の設定 ... 181
　　COLUMN 「NIS サーバ」役割サービスをインストールせずに
　　　　　　UNIX 属性タブを表示させる ... 182
　　ad バックエンド ... 183
　　UNIX 属性のシェル、ホームディレクトリ値の反映 ... 184

ローカルグループ（Samba グループ） ... 184
　　ローカルグループの管理 ... 185

PAM による Samba 以外のプロダクトの認証統合 ... 187
　　プラットフォームの前提条件 ... 188
　　認証の動作確認 ... 189
　　パスワード変更の同期 ... 190

第5章　Samba でドメインを構築しよう！
Samba の応用設定（3）：ドメインコントローラ編　　　193

5-1　ドメインコントローラの構築　　　194

Active Directory ドメインの概念と機能 ... 194
　　AD ドメインの概要 ... 194
　　Samba による AD ドメイン機能のサポート ... 196

インストールとプラットフォームの設定 ... 197
　　CentOS 7 ... 197

目次

| COLUMN SerNet 版 Samba パッケージ 198
| Ubuntu Server 199
| FreeBSD 200
| COLUMN FreeBSD 10 での samba-tool コマンドの不具合 201
| AD の使用するポート 201

最初のドメインコントローラの構築 202
| samba-tool domain provision コマンド 202
| smb.conf の設定 204
| server services パラメータ 204

DNS サーバの構築と設定 205
| 実現方式の概要と比較 205
| 内蔵 DNS サーバ（SAMBA_INTERNAL） 206
| BIND 連携（BIND9_DLZ） 207
| 構築後の SAMBA_INTERNAL と BIND9_DLZ の変換 209

NTP サーバの構築と設定 210
| NTP の設定 210
| セキュアな NTP 認証のサポート 210

Samba の起動と動作確認 211
| DC の起動確認 211
| DNS の動作確認 212
| DC の動作確認 212
| Windows クライアントのドメイン参加 213

追加の DC の構築 214
| DC の追加 214
| DC の動作確認 216
| SYSVOL 共有同期の設定 217
| COLUMN SYSVOL 共有の複製スクリプト例 218
| COLUMN Windows サーバの DC と Samba サーバの DC の混在環境 219
| 時刻同期の設定 220

5-2　AD ドメインの管理　221

| COLUMN AD ドメインの管理ツール 221

samba-tool による AD ドメインの管理 223
| DC の降格 223
| アカウントポリシーの設定 224
| 機能レベルの制御 224
| FSMO の管理 225

Samba サーバ上でのユーザとグループの管理 227
| ユーザの作成 227
| ユーザの設定変更 229
| ユーザの削除と一覧 230
| ユーザのパスワード設定 230

| グループの管理 | 231 |
| DNS の管理 | 232 |

5-3　その他のトピック　234

DC 上での AD ドメインのユーザと Winbind 機構	234
ユーザ情報、グループ情報の変更	235
UNIX 属性の活用と UID、GID の統一	236
COLUMN　UID や GID を手作業で修正する	236
既存の Samba ドメインからの移行	237
現行 Samba サーバでのアップグレード準備	237
LDAP 認証の留意点	238
新規 Samba サーバでのアップグレード実施	238
アップグレード後の諸作業	240
COLUMN　既存の AD ドメインからの移行	240

第6章　Linux マシンから Windows マシンの共有にアクセスしよう！
Samba の応用設定（4）：クライアント機能編　241

6-1　smbclient コマンドによる Windows ファイル共有へのアクセス　242

smbclient によるファイル操作	242
操作コマンド	243
日本語ファイル名の設定	243
smbclient によるバッチ処理	244
認証情報の非対話的な入力	244
操作コマンドの自動実行	245
COLUMN　net コマンド	246

6-2　Windows マシンのファイル共有のマウント　247

Linux の cifs モジュール	247
基本的なマウント	247
ファイル共有のアクセス制御	249
マウントの自動化	250
FreeBSD の smbfs モジュール	251
基本的なマウント処理	251
マウントの自動化	252

第 1 章

Sambaの概要とインストール

本章では、Sambaを設定するのは初めてという読者を対象に、Sambaの基本知識とインストール方法を説明します。

1-1
Sambaとは

　Sambaを一言で説明すると、LinuxやFreeBSDといったUNIX[注1]サーバでWindowsサーバの機能を実装したオープンソースのソフトウェアとなります。Sambaを実行することで、UNIXサーバをWindowsサーバのように見せかけることができます。

　図1-1-1は、Linuxサーバ上のSambaで構築したファイルサーバにWindows 10クライアントからアクセスした際の画面になります。Linux上にあるユーザのホームディレクトリにアクセスしており、右側にはLinuxサーバ上でlsコマンドを実行した結果も表示しています。見比べると、Linuxサーバにアクセスしている"らしい"ことがわかりますが、その点以外にはアクセス先がWindowsサーバでないことを見分ける材料はありません。このように一般ユーザが普通にアクセスしている限り、Windowsサーバで構築したファイルサーバとSambaで構築したファイルサーバは見分けがつきません。

図1-1-1 Sambaサーバへのアクセス

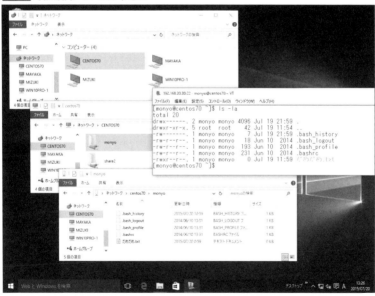

注1 本書では言及しませんが、SambaはSolaris、HP-UX、AIXといった商用UNIXプラットフォームを始めとする各種UNIX系プラットフォームをサポートしています。

Sambaの機能概要

Sambaの機能概要を次に示します。ファイルサーバ機能にとどまらず、Windowsサーバの各種機能を提供できます。

● ファイルサーバ機能

ファイルサーバ機能はSambaの最も基本的な機能の1つといって良いでしょう。Sambaを適切に構成することで、図1-1-1のようにファイルサーバとして機能させることができます。

ファイルサーバ機能は、UNIXサーバとのファイル転送に使うこともできます。WinSCPなどのツールやFTPを使うことも多いと思いますが、Sambaを活用すればWindowsクライアントへのツールのインストールが不要であることに加え、UNIXサーバ上のファイルを直接編集することもできるので便利なことも多いでしょう。

Sambaは本格的なファイルサーバとして構成することもできます。適切に設定を行うことで、図1-1-2のように、複数のグループに対してアクセス許可を設定するなどWindowsと同様のアクセス制御を行うこともできます。

図1-1-2 アクセス許可の設定

※ group1、project1、group2という3つのグループに対してアクセス許可の設定が行われていることが確認できます。

このほか、Samba独自の機能としてユーザやグループに応じて柔軟に提供する共有

を変更したり、詳細な監査を行ったりできます。さらに、Windowsサーバの持つ分散ファイルシステム（DFS）やボリュームシャドウコピー機能といった高度なファイル共有機能も提供できます。

実は廉価な家庭用NASでは内部でSambaを利用している製品も数多くあり、ファイルサーバとしてのSambaの完成度はWindowsサーバと比べても決して見劣りしないレベルに達しています。

これらについては3章で説明します。

◉プリンタサーバ機能

Sambaは、Windowsサーバと同様にプリンタサーバとして構成できます。UNIXサーバに直結されたプリンタだけではなく、ネットワークプリンタに対するプリンタサーバとして機能させることもできます。

◉Active Directoryとの連携機能

Sambaを用いることで、UNIXサーバをActive Directory（AD）ドメインに「参加」させることができます。

ADドメインに参加させることで、ADドメインのユーザとパスワードの情報を用いて認証を行うことができます。さらにWinbind機構により、図1-1-3のようにADのユーザやグループの情報をUNIXサーバ上で使用することもできます。

これらについては4章で説明します。

図1-1-3 ADドメインのユーザやグループの使用

※Winbind機構により、ADドメインのユーザやグループに対してUIDやGIDが自動的に割り当てられています。

◉Active Directoryドメインのドメインコントローラ機能

SambaはWindows 2000 Server以降で導入されたActive Directoryドメインのドメインコントローラとして機能させることができます。

グループポリシーを始め、Active Directoryの備える各種機能も実装されており、図1-1-4のようにWindowsマシンから管理することもできます。

これらについては5章で説明します。

図1-1-4 Sambaで構築したActive Directoryの管理

Note

SambaはWindows NT Server 4.0という古いバージョンのWindowsで構築されるドメイン（NTドメイン）のドメインコントローラとして機能させることもできます。

● ネットワーク機能

普段は何気なく利用していますが、図1-1-5のように「ネットワーク」にWindowsサーバと同じくSambaサーバを表示させる機能や、廃れつつある機能ですが、Windowsネットワーク特有の名前解決機構であるWINSサーバ機能なども実装しています。

図1-1-5 ネットワーク

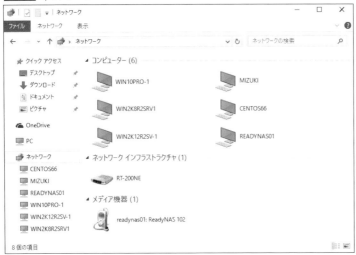

● **クライアント機能**

Sambaには、UNIXサーバからWindowsサーバ上のファイル共有にアクセスしてファイルの転送を行う**図1-1-6**のsmbclientコマンドを始め、UNIXサーバからWindowsサーバ上のユーザ、グループや共有の追加、削除、変更といった操作を行うためのnetコマンドなどさまざまなコマンドが付属しています。これらのコマンドは、業務システムでWindowsサーバとUNIXサーバを連携させる必要があるときに有用です。

これらについては**6章**で説明します。

図1-1-6 smbclientコマンドの実行例

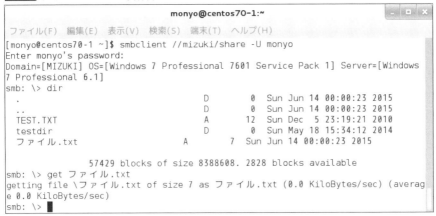

Sambaの沿革

Sambaのこれまでの歩みについて簡単に説明しておきましょう。

● Sambaの誕生

Sambaの原型は、Andrew Tridgell氏により1992年に作成されました。1994年ごろにリリースされたSamba 1.8では藤田崇氏による日本語サポートのパッチが取り込まれ、日本語のファイル名などが利用できるようになります。1996年にリリースされたSamba 1.9.16以降、SambaはWindowsサーバ機能を提供するソフトウェアとして知名度が高まってきました。開発者もAndrew氏個人から、Andrew氏を筆頭としたSamba Teamによる共同開発に移行していきます。筆者が初めてSambaを触ったのは1996年ごろだったことを記憶しています。

● Sambaの隆盛

1999年1月にSamba 2.0.0がリリースされると、日本でもオープンソースの高まりとともに同年12月に日本Sambaユーザ会が設立されるなど、代表的なオープンソースのソフトウェアの1つとしてSambaの国内での知名度が一気に高まりを見せます。日本Sambaユーザ会では、小田切耕司氏、白井隆氏や筆者が中心となり、Samba 1.8で取り込まれた日本語対応では不十分だった機種依存文字のサポートを始めとする日本語対応を強化したSamba日本語版を独自にリリースしました。

その後は2001年4月にWindows NTのドメインコントローラ機能をサポートしたSamba 2.2.0がリリース、2003年9月にはソースコードを一新して、Unicode化による国際化対応を実現するとともに、Active Directoryのクライアント機能を実装したSamba 3.0.0がリリースとSambaの開発は順調に進展します。

このとき、Sambaの次期メジャーバージョンアップではActive Directoryのドメインコントローラ機能を実装することが宣言されました。

● Sambaの混迷

次期バージョンの目玉とされたActive Directoryのドメインコントローラ機能の実装ですが、これが思いのほか困難で、Samba次期版の開発は行き詰まります。

その中でSamba 3.0系列は版を重ねて機能を拡充していきました。2005年8月にリリースされたSamba 3.0.20ではWinbind機能が大幅に拡充されたほか、内部構造の大幅な改善が図られます。その後もSamba 3.0系列はリリースを重ね、おもにWinbind機構回りを中心とした機能強化が図られました。

2008年7月にはSamba 3.2.0がリリースされ、次世代Sambaで実装予定だったNTFSの完全サポートやレジストリによる設定などが実装されました。これ以降もSambaのミドルバージョンアップは継続的に行われ、最終的にはSamba 3.6系列までがリリース

されます。これに伴い、Active Directoryのドメインコントローラ機能以外の次世代Sambaで実装予定だった機能についても、一通り実装が行われました。

一方Samba次期版の方は2006年1月になり、ようやくSamba 4.0系列のテクニカルプレビュー版という形で動作するものがリリースされます。しかしActive Directoryのドメインコントローラ機能はドメインへの参加がサポートされているだけで、グループポリシーなど各種機能はいっさい未サポートの状態でした。テクニカルプレビュー版が何度かリリースされたあと、2007年9月にリリースされたsamba-4.0.0alpha1ではグループポリシーのサポートが開始されたものの、基本的なActive Directoryのドメインコントローラ機能以外の機能の実装はほとんど未着手な状態で、先行きが不透明な状態が依然として続きました。

● そして、Active Directory機能の実装へ

行き詰まりを見せていたSamba次期版の開発ですが、2007年12月にEUからの独占禁止法に基づく命令によりMicrosoft社からプロトコル関連の技術文書の開示が行われたことや、クラウドの隆盛によりMicrosoft社自身がオープンソースを積極的に支援するようになった結果、ようやく開発が進むようになりました。

そして2012年12月に、Active Directoryのドメインコントローラ機能を実装したSamba 4.0.0がリリースされます。大きな機能向上が行われたこともあり、これ以降のSambaをSamba4、これ以前のSambaをSamba3と呼称するようになりました。本書でも必要に応じてこの呼称を使用しています。

Samba4はActive Directoryに関連する機能強化を中心に開発が進み、2015年9月にはSamba 4.3系列の最初のリリースであるSamba 4.3.0がリリースされています。

ここまでの沿革を**表1-1-1**に年表形式でまとめました。

表1-1-1 Sambaの年表

1992年01月	Andrew Tridgell氏によってSambaの原型（server-05）がリリースされる
1993年11月	nbserver 1.5リリース。ライセンスとしてGPLを採用
1994年10月	Samba 1.8.0リリース。日本語対応パッチが取り込まれる
1996年05月	Samba 1.9.16リリース。Sambaの知名度が高まってくる
1999年01月	Samba 2.0.0リリース。NTドメインのドメインコントローラ機能の実装
1999年12月	日本Sambaユーザ会設立、Samba日本語版リリース（Samba 2.0.5aJP1）
2001年04月	Samba 2.2.0リリース。ドメインコントローラ機能の正式サポート、Winbind機構の登場
2003年09月	Samba 3.0.0リリース。Active Directoryへの参加に対応。国際化機能を含め、全面的なアーキテクチャの刷新
2005年08月	Samba 3.0.20リリース。大幅な機能強化
2006年01月	Samba 4.0.0TP1リリース。最初の次世代Samba評価版
2007年09月	Samba 4.0.0alpha1リリース
2007年12月	Microsoft社がプロトコルに関する技術文書を開示
2008年07月	Samba 3.2.0リリース。リリースポリシーの変更。IPv6対応。GPLv3でのリリース

2009年01月	Samba 3.3.0リリース
2009年07月	Samba 3.4.0リリース（Samba 3.0系列サポート終了）
2010年03月	Samba 3.5.0リリース（Samba 3.2系列サポート終了）
2011年08月	Samba 3.6.0リリース（Samba 3.3系列サポート終了）。SMB2プロトコルの正式サポート
2012年12月	Samba 4.0.0リリース（Samba 3.4系列サポート終了）。SMB3プロトコルの正式サポート。Active Directoryのドメインコントローラ機能の正式サポート
2013年10月	Samba 4.1.0リリース（Samba 3.5系列サポート終了）
2015年03月	Samba 4.2.0リリース（Samba 3.6系列サポート終了）
2015年09月	Samba 4.3.0リリース（Samba 4.0系列サポート終了）

● Sambaのサポートポリシーとリリースポリシー

　Samba 3.2系列のころからSambaのサポートポリシーの整理が始まり、本書を執筆している2015年9月時点では次のようなサポートポリシーとなっています[注2]。

・約6ヵ月ごと[注3]にミドルバージョンアップ（4.2→4.3というレベル）を行う
・リビジョンバージョンアップ（4.2.0→4.2.1というレベル）での変更は、基本的にバグ修正に限定し、新機能の取り込みやパラメータの追加、削除は極力行わない
・ある系列がリリースされた時点で、1つ前の系列は機能拡充を行わないモード、2つ前の系列はセキュリティ問題のみを修正するモード、3つ前の系列はサポート終了とする

　本章を執筆している2015年9月時点での最新版はSamba 4.3系列となっていますので、サポートされているのは、Samba 4.1系列以降となっています。
　ただし、各Linuxディストリビューションでは、ディストリビューションのポリシーに従ってサポート期間やサポートの内容が定められています。そのため、実用上は、各ディストリビューションのサポートポリシーやサポートするSambaのバージョンを確認するようにしてください

注2　Sambaのリリースポリシーについては、随時見直しの議論が行われています。最新状況については必ずインターネットなどを参照して確認するようにしてください。
注3　以前は9ヵ月ごとでしたが、その後の議論でSamba 4.3系列以降は短縮されました。

> **COLUMN　Sambaのライセンス**
>
> 　Samba 3.0系列までのSambaはGPLv2、Samba 3.2系列以降はGPLv3を中心に一部のソースコードがLGPLv3でライセンスされています。単純なSambaの配布や使用に際しては、いわゆる商用目的を含めて特段GPLによる制約が問題となるようなケースはないと思います。
>
> 　ただし、Sambaのソースコードの一部を流用したり、Samba自体を改変したりする場合は、配布先にソースコードも開示する必要があるなどGPLによる各種の制約を意識する必要があります。とくにSamba 3.0系列までのSambaはソースコード全体がGPLv2であるため、Sambaのライブラリを単に利用する（リンクする）プログラムについてもプログラムのライセンスをGPLにする必要がありますので注意してください。
>
> 　Samba 3.2系列以降ではライブラリ関連はLGPLv3でリリースされるようになり、以前よりはライセンス条件が緩和されました。
>
> 　各ソースコードのライセンスについては各ファイルの先頭部分に記載されています。

1-2
Sambaサーバのインストール

　最近のLinuxディストリビューションやFreeBSDといったオープンソースのプラットフォームでは、よほど特殊な用途のものでない限りパッケージとしてSambaが含まれています。本書では、代表的なプラットフォームとして、CentOS、Ubuntu Server、FreeBSDを例に、パッケージを用いたSambaのインストール方法と関連するプラットフォームの設定個所について説明します。
　なおパッケージのインストールにあたっては、インターネットからHTTPプロキシ経由でファイルをダウンロードできる環境を想定しています。

CentOS

　日本で最もポピュラーなLinuxディストリビューションといえば、やはりRed Hat Enterprise Linux（RHEL）系LinuxディストリビューションであるCentOSやFedoraでしょう。本書では、執筆時点での最新版であるCentOS 7系列を例に、Sambaのインストールや設定方法を説明します。7系列は7.0、7.1、……と更新されていますが、操作方法などは同一です。また、CentOSの派生元であるRed Hat Enterprise Linux 7を含むRHEL系Linuxディストリビューション（以下RHEL系）でも操作方法などは基本的に同一です。
　なおCentOSは、2014年7月にリリースされた7.0以降とそれより前のバージョンとで、設定が大きく異なっています。そのため、本節ではそれ以前のバージョンでの設定方法も適宜補足します。

●IPアドレスの設定
　サーバを動的IPアドレスで運用することも不可能ではありませんが、本書では固定IPアドレスの設定を前提に説明します。静的にIPアドレスを付与する際の設定例を図1-2-1に示します[注4]。

図1-2-1 静的にIPアドレスを付与する際の設定例

```
[root@centos7 ~]# nmcli device  ←インターフェースの列挙とインターフェース名の確認
DEVICE  TYPE      STATE        CONNECTION
ens33   ethernet  connected    Wired connection 1
lo      loopback  unmanaged    --
```

注4　DHCPでIPアドレスを固定的に付与しても構いません。

第1章 Samba の概要とインストール

```
[root@centos7 ~]# nmcli connection modify "Wired connection 1"  ipv4.addresses ▶
"192.168.135.27/24 192.168.135.2"
↑192.168.135.27というIPアドレスを設定し、デフォルトゲートウェイを192.168.135.2に設定
[root@centos7 ~]# nmcli connection modify "Wired connection 1"  ipv4.dns 192.168.135.2 ▶
ipv4.dns-search home.local  ←DNSサーバを192.168.135.2に、検索サフィックスをhome.localに設定する
[root@centos7 ~]# nmcli connection down "Wired connection 1"
↑↓設定の反映のためにインターフェースを再起動する
[root@centos7 ~]# nmcli connection up  "Wired connection 1"
Connection successfully activated (D-Bus active path: /org/freedesktop/NetworkManager/ ▶
ActiveConnection/1)
※インターフェースの再起動は、必ずローカルにログインした端末上で実施してください。
```

　CentOS 7では、それ以前のバージョンと比較して設定方法が大幅に変わっているので注意してください。

COLUMN　nmtuiコマンド

　nmcliコマンドによる設定はかなり煩雑ですので、通常は対話的な設定ができるnmtuiコマンドを使用するとよいでしょう。設定画面を図1-2-2に示します。

図1-2-2 nmtuiコマンド

※コマンド起動後、[Edit a connection] を選択し、インターフェース一覧からeth0を選択して [Edit] を選択した状態で表示された画面

　このコマンドはデフォルトではインストールされていないので、次のようにしてインストールを行ってから使用してください。

```
# yum install NetworkManager-tui
```

●**Sambaサーバのインストール確認**

　Sambaサーバがインストールされているかどうかは、端末（コマンドライン）から次のようにしてsambaパッケージのインストール状況を確認するのが確実です。

```
[root@centos7 ~]# rpm -q samba
samba-4.1.12-21.el7_1.x86_64
```

このようにパッケージ名が表示されればsambaパッケージがインストールされています。なお、Sambaは内部的に複数のパッケージから構成されています。sambaパッケージがインストールされていない場合でもsamba-clientやsamba-commonといったパッケージがインストールされていることがありますので注意してください。

● Sambaのインストール

sambaパッケージがインストールされていなかった場合は、インターネット上から最新版のインストールを行いましょう。

インストール後、最初にyumコマンドを実行する際には、次のようにして証明書のインポートを行ってください。

```
[root@centos7 ~]# rpm --import /etc/pki/rpm-gpg/RPM-GPG-KEY-CentOS-7
```

引き続き、図1-2-3のようにしてsambaおよびsamba-clientパッケージをインストールします。yumコマンドが、両パッケージのインストールに必要な依存パッケージを自動的に認識して、最終的にインストールが必要なパッケージのインストールを行ってくれます。

図1-2-3 sambaとsamba-clientパッケージをインストール

```
[root@centos7 ~]# yum install samba samba-client    ← sambaとsamba-clientパッケージのインストール
読み込んだプラグイン:fastestmirror
updates                                          | 3.4 kB   00:00
updates/7/x86_64/primary_db                      | 957 kB   00:01
(中略)
依存性を解決しました

================================================================================
 Package           アーキテクチャー
                                  バージョン              リポジトリー    容量
================================================================================
インストール中:
 samba             x86_64         4.1.12-21.el7_1         base          555 k
 samba-client      x86_64         4.1.12-21.el7_1         base          515 k
依存性関連でのインストールをします:
 cups-libs         x86_64         1:1.6.3-17.el7          base          354 k
(中略)
 samba-common      x86_64         4.1.12-21.el7_1         base          708 k
 samba-libs        x86_64         4.1.12-21.el7_1         base          4.3 M

トランザクションの要約
================================================================================
インストール  2 パッケージ (+11 個の依存関係のパッケージ)
```

```
総ダウンロード容量: 6.8 M
インストール容量: 23 M
Is this ok [y/d/N]: y ← パッケージを本当にインストールするのかを聞いているので「y」を入力
Downloading packages:
（中略）
インストール:
  samba.x86_64 0:4.1.12-21.el7_1      samba-client.x86_64 0:4.1.12-21.el7_1

依存性関連をインストールしました:
  cups-libs.x86_64 1:1.6.3-17.el7     libaio.x86_64 0:0.3.109-12.el7
（中略）
  pytalloc.x86_64 0:2.1.1-1.el7       samba-common.x86_64 0:4.1.12-21.el7_1
  samba-libs.x86_64 0:4.1.12-21.el7_1

完了しました!
```

2章で説明するSambaユーザ管理ではsmbpasswdというコマンドを使用しますが、CentOS 7のsambaパッケージには含まれていないため、ここではsambaに加えてsamba-clientパッケージもインストールしています[注5]。

図1-2-4のようにデスクトップの［アプリケーション］-［システムツール］から「ソフトウェア」を起動し、「Servers」カテゴリにある「ファイルとストレージサーバー」内にある「Server and Client software to interoperate with Windows machines」をチェックすることでSambaのインストールを行うこともできます。

図1-2-4 「ソフトウェア」によるSambaのインストール

※チェックボックスをつけて右上の「変更を適用」ボタンを押すことで、依存関係にあるパッケージが自動的にインターネットから取得、インストールされます。

注5　CentOS 6以前ではsambaパッケージにsmbpasswdコマンドが含まれていますので、samba-clientパッケージのインストールは不要です。Sambaの管理にsmbpasswdコマンドは必須ではありませんが、利便性を考慮し、ここではインストールを前提とした説明を行います。

COLUMN　HTTPプロキシ経由でのインストール

　HTTPプロキシ経由でのアクセスが必要な環境の場合は、環境変数http_proxyにHTTPプロキシのIPアドレスやホスト名とポート番号を設定します。たとえば、HTTPプロキシのIPアドレスが192.168.1.1でポート番号が8080の場合は、yumコマンドの実行前に次のような設定を行ってください[注6]。

```
[root@centos7 ~]# export http_proxy=http://192.168.1.1:8080/
```

　永続的に設定する場合は、/etc/yum.confに**リスト1-2-1**のように設定を行っておきます。

リスト1-2-1 yum.confにおけるHTTPプロキシの設定例

```
# The proxy server - proxy server:port number
proxy=http://192.168.1.1:8080/
# The account details for yum connections
#proxy_username=yum-user
#proxy_password=qwerty
```

　詳細はCentOSのドキュメント「12. Using yum with a proxy server[注7]」などを参照してください。

　インターネットにアクセスできない環境においてSambaをインストールしたい場合は、CentOSのWebサイトやDVDなどからSambaのRPMパッケージを取得したうえで、rpmコマンドを用いてインストールを行ってください。この場合、依存関係にあるパッケージについても手動でインストールする必要があります。

● ファイアウォール設定の変更

　CentOSでは、デフォルトでファイアウォールが有効になっています。そのままではWindowsクライアントからSambaサーバにアクセスできないため、設定を変更する必要があります。Sambaを動作させる上ではファイアウォール機能自体を無効にしてもかまいませんが、セキュリティ上は可能な限り有効にしておくことを推奨します。

　CentOS 7.0以降では、firewalldというサービスがファイアウォールの設定を管理しており、firewall-cmdコマンドにより設定を行います。

　ファイアウォールの設定変更では、ポートなどを直接指定することもできますが、適切に動作するための設定が「サービス」として定義されているため、やむを得ない場合をのぞき、サービス単位での指定をお勧めします。Sambaサーバに必要な設定はsambaというサービスとして定義されています。次のコマンドを実行することで、sambaサー

[注6] 環境変数については、http://username:password@proxy-server:port形式で指定することで、認証プロキシにも対応できます。
[注7] http://wiki.centos.org/TipsAndTricks/YumAndRPM#head-ea1fc5d78f578114f4843e57627ebae9cc4fcb5a

ビスが有効となり、Sambaサーバへのアクセスに必要な137/udp、138/udp、139/tcp、445/tcpの4つのポートが開放されます。

```
[root@centos7 ~]# firewall-cmd --add-service=samba
success
[root@centos7 ~]# firewall-cmd --add-service=samba --permanent
success
```

最初のコマンドを実行することでポートが直ちに開放されます。ただし、この設定は永続的なものではなく、再起動後には元の状態に戻ってしまいます。その次のコマンドのように--permanentオプションを指定してコマンドを実行することで、設定がファイルに保持され、再起動後も設定が維持されるようになります。

CentOS 6ではlokkitコマンドで設定を行います[注8]。実行例を次に示します。

```
[root@centos6 ~]# lokkit --service=samba
[root@centos6 ~]# service iptables restart
iptables: Setting chains to policy ACCEPT: filter        [  OK  ]
iptables: Flushing firewall rules:                       [  OK  ]
iptables: Unloading modules:                             [  OK  ]
iptables: Applying firewall rules:                       [  OK  ]
```

設定はiptablesサービスの再起動後に反映されます。

CentOS 5以前では、lokkitコマンドを起動して「Customize」ボタンを押すと表示される図1-2-5の画面から対話的に設定を行います。

図1-2-5 ファイアウォールの設定変更（CentOS 5）

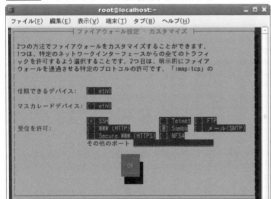

ここではおもにコマンドラインからの設定方法を説明しましたが、これ以外の方法で

注8　筆者が確認した限り、最小インストール構成ではlokkitコマンドの設定を元に戻すコマンドがありません。元に戻すには、/etc/sysconfig/iptablesと/etc/sysconfig/iptables-configファイルを直接修正する必要がありました。

設定を行ってもかまいません。

> **COLUMN** firewalldとゾーンの機能
>
> firewalldでは、図1-2-6のように「インターフェース」を「ゾーン」に割り当て、各ゾーンに対して、基本的には「サービス」単位でアクセス可否の設定を行うことで、柔軟な設定を実現しています。
>
> 図1-2-6 firewalldとゾーンの概念
>
>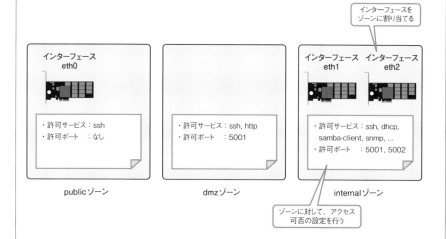
>
> たとえば、内部ネットワークと外部ネットワークの境界に存在するLinuxサーバでは、外部ネットワークに接続しているインターフェースをpublicゾーンに、内部ネットワークに接続しているインターフェースをinternalやhomeゾーンに割り当てたうえで、各ゾーンで異なる設定を行うとよいでしょう。なお、デフォルトではすべてのインターフェースがpublicゾーンに割り当てられています。
>
> firewall-cmdコマンドでは--zoneオプションを指定することで、設定対象となるゾーンを指定します。--zoneオプションを指定しなかった場合は「デフォルトのゾーン」が設定対象となります。なお、デフォルトの「デフォルトのゾーン」はpublicに設定されています。
>
> このため、本文のように--zoneオプションを指定せずにファイアウォール設定を行った場合、デフォルトのゾーンであるpublicゾーンに対して設定が行われます。また、すべてのインターフェースはデフォルトではpublicゾーンに割り当てられているため、結果としてすべてのインターフェースのファイアウォール設定が同時に変更されます。

● **SELinuxの無効化**

引き続き、SELinuxの設定を行います。SELinuxはセキュリティを高める機能としては非常に有用なのですが、その半面、熟練者でも適切に設定して運用するのは非常に困

難な機能で、実運用では無効にしている環境がほとんどです。

次のように/etc/selinux/configファイル中のSELINUX行をdisable[注9]にして再起動することでSELinuxが無効になります。

```
...
#     disabled - No SELinux policy is loaded.
SELINUX=disabled  ←この行を変更する
# SELINUXTYPE= can take one of these two values:
...
```

COLUMN 「SELinux無効化」の是非について

インターネット上で、強固なセキュリティを提供するSELinuxを安易に無効化することへの是非がよく議論されていますが、それらの議論を意識しつつも、運用の容易性とセキュリティを天秤にかけた結果、本書ではSELinuxの無効化を推奨しました。

本文で書いたとおりSELinuxの運用は難易度が高く、熟練者であっても正しく運用することは難しいと考えています。またベンダの商用ミドルウェアを導入する際には無効化を求められることが多く、Sambaのインストール有無にかかわらず、社内の業務サーバでは通常真っ先に無効とされてしまうと考えているので、SambaサーバでSELinuxを有効にしたままの運用を求められることは少ないと考えています。

また、CentOSではSELinuxを有効にした環境でのSambaの運用をサポートしているとはいえ、Sambaのすべての設定をサポートしているわけではありません。

ただし、本書の執筆に際してのCentOS 7での検証の際は、基本的にSELinuxを有効にした環境で確認しています。またSELinuxを有効にした環境での注意点や制限事項についても適宜補足することで、SELinuxを有効にした環境にも配慮しました。

● Sambaの起動と停止

CentOS 7でのSambaの起動、停止は次のようにsystemctlコマンドで行います。Sambaのサービス名は歴史的経緯で「smb」と「nmb」になっていますので注意してください。

```
[root@centos7 ~]# systemctl start smb
[root@centos7 ~]# systemctl start nmb
[root@centos7 ~]# systemctl stop  smb
[root@centos7 ~]# systemctl stop  nmb
```

サーバ起動時にSambaを自動起動させたい場合は、次のように設定します。

```
[root@centos7 ~]# systemctl enable smb
[root@centos7 ~]# systemctl enable nmb
```

注9 permissiveでもかまいません。permissiveはSELinuxによりアクセスが拒否される事態が発生した際に、警告をログに出力するだけでアクセス自体は許可するモードです。

自動起動を停止したい場合は、上記でenableの代わりにdisableを指定します。
CentOS 6以前でのSambaの起動、停止は次のようにserviceコマンドで行います[注10]。

```
[root@centos6 ~]# service smb stop
SMB サービスを停止中                                     [  OK  ]
NMB サービスを停止中                                     [  OK  ]
[root@centos6 ~]# service smb start
SMB サービスを起動中                                     [  OK  ]
NMB サービスを起動中                                     [  OK  ]
```

CentOS 6以前でサーバ起動時にSambaを自動起動させる場合は、次のようにchkconfigコマンドで設定します。

```
[root@centos6 ~]# chkconfig smb on         ← 自動起動の有効化
[root@centos6 ~]# chkconfig --list smb     ← Sambaの起動状態の確認
smb             0:off   1:off   2:on    3:on    4:on    5:on    6:off
                                ↑ onになっていることが確認できる
```

自動起動を停止したい場合は、上記でonの代わりにoffを指定します。ntsysvコマンドにより、この設定を端末上で対話的に行うこともできます。

Ubuntu Server

Ubuntu Server[注11]は、派生元ディストリビューションのDebianとともに、日本ではRHEL系と双璧をなす人気の高いディストリビューションです。本書では、執筆時点で最新の長期サポート（LTS）版であるUbuntu Server 14.04 LTSを例にSambaのインストールや設定方法を説明します。ここで説明するインストール方法は、Ubuntu Serverの別バージョンやUbuntuの派生元であるDebianでも基本的に同一です。

Ubuntu Serverのサポート期間は通常9ヵ月ですが、LTS版については5年間となっています。本書執筆時点での最新版はUbuntu Server 15.04ですが、サーバ用途ではLTS版が使用されることが多いため、本書でもLTS版を対象に説明を行います。

● IPアドレスの固定設定

静的IPアドレスの設定は/etc/network/interfacesファイルで行います。設定例をリスト1-2-2に示します。

[注10] CentOS 7のように「smb」と「nmb」を個別に指定する必要はありません。
[注11] Ubuntuには、Ubuntu Server以外にもクライアント向けのUbuntu Desktopなどいくつかの系列が存在します。

リスト1-2-2 静的IPアドレスの設定例（Ubuntu Server）

```
…
# The primary network interface
auto eth0
iface eth0 inet static  ←この行を書き換え、以降の行を追加する
  address 192.168.135.28
  netmask 255.255.255.0
  gateway 192.168.135.2

  dns-nameservers 192.168.135.2
  dns-search home.local
```

iface eth0 inet autoとなっている行を書き換えたうえで以降の行を追加します。再起動することで設定が反映されます。

● Sambaサーバのインストール確認

Sambaサーバがインストールされているかどうかは、端末（コマンドライン）から図1-2-7のようにしてsambaパッケージのインストール状況を確認するのが確実です。

図1-2-7 sambaパッケージのインストール状況の確認

```
local@ubuntu1404-1:~$ dpkg -l samba
Desired=Unknown/Install/Remove/Purge/Hold
| Status=Not/Inst/Conf-files/Unpacked/halF-conf/Half-inst/trig-aWait/Trig-pend
|/ Err?=(none)/Reinst-required (Status,Err: uppercase=bad)
||/ Name             Version           Architecture Description
+++-================-=================-============-=================================
ii  samba            2:4.1.6+dfsg      amd64        SMB/CIFS file, print, and login s
```

このようにパッケージ名が表示されればsambaパッケージがインストールされています。

● Sambaサーバのインストール

sambaパッケージがインストールされていなかった場合は、インターネット上から最新版のインストールを行いましょう。次のように、apt-get updateコマンドを実行してパッケージ情報を最新にしたうえで、apt-get install sambaコマンドでインストールを行います。

図1-2-8 インターネットからSambaをインストールする

```
local@ubuntu1404:/home/local$ sudo apt-get update
(中略)
local@ubuntu1404:/home/local$ sudo apt-get install samba
Reading package lists... Done
Building dependency tree
Reading state information... Done
```

```
The following extra packages will be installed:
  attr libaio1 libasn1-8-heimdal libavahi-client3 libavahi-common-data
(中略)
  update-inetd

0 upgraded, 45 newly installed, 0 to remove and 37 not upgraded.
Need to get 10.3 MB of archives.
After this operation, 54.3 MB of additional disk space will be used.
Do you want to continue? [Y/n]  ← Enter を入力
Get:1 http://ftp.tsukuba.wide.ad.jp/Linux/ubuntu/ trusty/main libroken18-heimdal amd64 ↲
1.6~git20131207+dfsg-1ubuntu1 [40.0 kB]
(中略)
smbd start/running, process 4971
nmbd start/running, process 5009       ← ここでSambaが起動する
samba-ad-dc start/running, process 5046
Setting up libsasl2-modules:amd64 (2.1.25.dfsg1-17build1) ...
Setting up attr (1:2.4.47-1ubuntu1) ...
Setting up samba-vfs-modules (2:4.1.6+dfsg-1ubuntu2.14.04.7) ...
Processing triggers for libc-bin (2.19-0ubuntu6) ...
Processing triggers for ureadahead (0.100.0-16) ...
local@ubuntu1404:/home/local$
```

※ここでは英語環境でインストールを行った際の実行例を示しています。

　インストールの完了と同時に、Sambaが起動して外部からアクセスが可能な状態になりますので、セキュリティに留意してください。設定が完了するまではいったん停止しておいた方がよいでしょう。

COLUMN　HTTPプロキシ経由でのインストール

　インターネットへのアクセスにプロキシサーバを経由することが必要な場合は、プロキシサーバのIPアドレスやホスト名とポート番号を、環境変数http_proxyもしくは/etc/apt/apt.confファイルに設定します。たとえば、HTTPプロキシのIPアドレスが192.168.1.1でポート番号が8080の場合は、次のようにhttp_proxy環境変数を設定したうえで、sudo -Eコマンドでapt-getコマンドを実行するか、**リスト1-2-3**のような内容の/etc/apt/apt.confファイルを作成してください[注12]。

```
local@ubuntu1404:/home/local$ export http_proxy=http://192.168.1.1:8080/
local@ubuntu1404:/home/local$ sudo -E apt-get install samba
```

リスト1-2-3　/etc/apt/apt.confファイルの設定例 (Ubuntu Server)

```
Acquire::http::Proxy "http://192.168.1.1:8080";
```
↑上記の行を含むファイルを作成する

[注12] 環境変数、apt.confファイルともhttp://username:password@proxy-server:port形式で指定することで、認証プロキシにも対応できます。

インターネットにアクセスできない環境では、Ubuntuのパッケージサイトやや DVDから最新パッケージをダウンロードしたうえで、dpkg -iコマンドを用いてインストールしてください。この場合、依存関係にあるパッケージについても手動でインストールする必要があります。

Ubuntu Serverではファイアウォール、SELinuxともにデフォルトで無効ですので、CentOSのように設定を行う必要はありません。

◉Sambaの起動と停止

Ubuntu Serverでは、Sambaのインストール中に、サーバ起動時にSambaが自動起動する設定も行われています。手動でのSambaの起動、停止は次のようにinitctlコマンドで行います[注13]。

```
local@ubuntu1404:/home/local$ sudo initctl stop smbd
smbd stop/waiting
local@ubuntu1404:/home/local$ sudo initctl stop nmbd
nmbd stop/waiting
local@ubuntu1404:/home/local$ sudo initctl start nmbd
nmbd start/running, process 1083
local@ubuntu1404:/home/local$ sudo initctl start smbd
smbd start/running, process 1088
```

サーバ起動時のSambaの自動起動を無効にする場合は、/etc/init配下のsmbd.confおよびnmbd.confを、たとえばsmbd.conf.disableやnmbd.conf.disableのようにリネームします[注14]。

FreeBSD

FreeBSDはLinuxと並んでポピュラーな無償のUNIX系プラットフォームです。本書では、執筆時点での最新版であるFreeBSD 10を例にSambaのインストールや設定方法を説明します。

◉IPアドレスの固定設定

IPアドレスの設定は/etc/rc.confファイルで行います。静的IPアドレスの設定例をリスト1-2-4に示します。

[注13] Debian 7以前や古いバージョンのUbuntu Serverでは、/etc/init.d/samba [start|stop]コマンドで起動、停止を行います。
[注14] Debian 7以前や古いバージョンのUbuntu Serverでは、update-rc.dコマンドでシステム起動時の自動起動の設定を行います。

リスト1-2-4 静的IPアドレスの設定（FreeBSD 10）

```
...
hostname="fbsd10"
#ifconfig_em0="DHCP"    ←この行をコメントアウト
ifconfig_em0="inet 192.168.135.29 netmask 255.255.255.0"  ←IPアドレスを静的に設定する
defaultrouter="192.168.135.2"   ←デフォルトゲートウェイ
```

DNSサーバの設定は、/etc/resolv.confファイルを次のように直接修正することで行います。

```
search home.local
nameserver 192.168.135.2
```

● **Sambaサーバのインストール確認**

FreeBSDのパッケージ管理システムはFreeBSD 10.0から大きく変更となり、従来からのpkg_addやpkg_infoといったコマンドに代わり、pkgコマンドを使って管理するようになっています。Sambaがインストールされているかどうかは、次のようにして確認します。

```
fbsd10:~ # pkg info | grep samba
```

デフォルトではSambaはインストールされていないため、何も出力されないはずです。

> **Note**
>
> pkgコマンドを最初に起動すると、次のようなメッセージが表示され、初期設定を行うかどうかを確認されますので、「y」を選択してください。
>
> ```
> root@fbsd10:~ # pkg
> The package management tool is not yet installed on your system.
> Do you want to fetch and install it now? [y/N]:   ←「y」を入力
> ```
>
> また、操作を行う前には、pkg updateコマンドを実行して最新のパッケージ情報を取得しておく必要があります。

● **パッケージからのSambaのインストール**

FreeBSDでは、Sambaの各系列に対応する複数のSambaパッケージが提供されています。pkg search sambaコマンドを実行すると、次のようにSamba関連のパッケージ一覧が表示されます。

```
root@fbsd10:~ # pkg search samba
p5-Samba-LDAP-0.05_2
p5-Samba-SIDhelper-0.0.0_3
samba-nsupdate-9.8.6_1
```

```
samba-virusfilter-0.1.3
samba36-3.6.25
samba36-libsmbclient-3.6.25_2
samba36-nmblookup-3.6.25
samba36-smbclient-3.6.25
samba4-4.0.26
samba41-4.1.18
samba42-4.2.3_1
```

主なパッケージについて表1-2-1に示します。

表1-2-1 FreeBSD 10の主なSamba関連パッケージ

パッケージ名	説明
samba-nsupdate	Samba4のDNSサーバに対する動的更新に対応したnsupdateコマンド
samba36	Samba 3.6系列のSamba。4章で説明するActive Directory連携機能は無効
samba4	Samba 4.0系列のSamba
samba41	Samba 4.1系列のSamba
samba42	Samba 4.2系列のSamba

特別な理由がなければ、最新のパッケージ（上記ではsamba42）をインストールするのがよいでしょう。次のようにしてインストールを行います。

図1-2-9 samba41のインストール

```
root@fbsd10:~ # pkg install samba41
Updating FreeBSD repository catalogue...
FreeBSD repository is up-to-date.
All repositories are up-to-date.
The following 33 package(s) will be affected (of 0 checked):

New packages to be INSTALLED:
    samba41  4.1.17
    libsunacl: 1.0
（中略）
The process will require 286 MiB more space.
55 MiB to be downloaded.

Proceed with this action? [y/N]:  ← 「y」を入力
Fetching samba41-4.1.17.txz    100%   3 MiB  10.6kB/s    04:39
（中略）
Message for samba41-4.1.17:
===========================================================================

How to start: http://wiki.samba.org/index.php/Samba4/HOWTO

* Your configuration is: /usr/local/etc/smb4.conf

* All the relevant databases are under: /var/db/samba4
```

```
* All the logs are under: /var/log/samba4

* Provisioning script is: /usr/local/bin/samba-tool

%25%25NSUPDATE%25%25You will need to specify location of the 'nsupdate' command in the
%25%25NSUPDATE%25%25smb4.conf file:
%25%25NSUPDATE%25%25
%25%25NSUPDATE%25%25        nsupdate command = /usr/local/bin/samba-nsupdate -g
%25%25NSUPDATE%25%25
For additional documentation check: http://wiki.samba.org/index.php/Samba4

Bug reports should go to the: https://bugzilla.samba.org/

=========================================================================
```

> **Note**
>
> 　FreeBSD 10.0以降では文字コード変換を行うiconv(3)関数がシステムに内蔵されています。このiconv(3)関数は、Sambaの動作に必要な文字コードをサポートしているため、本来GNU libiconv（libiconvパッケージ）が提供するiconv(3)関数は不要です。
> 　ただし、本書執筆時点で筆者が確認した限り、Sambaのパッケージの設定ではlibiconvパッケージへの依存関係が残ったままになっているため、Sambaパッケージをインストールするとlibiconvパッケージもインストールされます。
> 　また表1-2-1のsamba36パッケージを始めとするSamba 3.6系列以前のパッケージでは、4章で説明するActive Directoryのクライアント機能が無効になっています[注15]。この機能を有効にしたい場合は、sambaパッケージをPortsからインストールする必要があります。

● Sambaの起動と停止

　Sambaをインストールすると、/usr/local/etc/rc.d以下にsamba_serverという起動スクリプトがインストールされます。このファイルに記述のあるように、/etc/rc.conf[注16]に、

```
samba_server_enable="YES"
```

という行を追加することでSambaが有効となり、システムの起動、停止時に自動で起動、停止するようになります。
　Sambaが有効な場合は、次のようにして起動、停止を手動で行うこともできます[注17]。

```
root@fbsd10:~ # /usr/local/etc/rc.d/samba_server start
```

注15　無効になっている理由は「Kerberosまわりの移植性の問題のため」とのことです。インストール方法の詳細は、本書初版などを参照してください。
注16　rc、conf.localファイル、もしくは/etc/rc.conf.dディレクトリ配下のファイルに設定を行っても構いません。
注17　オプションとしてonestartやonestopを用いることで、samba_server_enableの設定にかかわらず、Sambaの起動や停止を行うこともできます。

```
Starting nmbd.
Starting smbd.
root@fbsd10:~ # /usr/local/etc/rc.d/samba_server stop
Stopping smbd.
Stopping nmbd.
```

> **Note**
>
> FreeBSDではパッケージのインストール時に設定ファイルのsmb.confが作成されません。この状態でSambaを起動しようとしても次のように、
>
> ```
> root@fbsd10:~ # /usr/local/etc/rc.d/samba_server start
> /usr/local/etc/rc.d/samba_server: WARNING: /usr/local/etc/smb4.conf is not readable.
> ```
>
> というエラーが表示されて起動しません。とりあえず起動確認をしたい場合は、
>
> ```
> # touch /usr/local/etc/smb4.conf
> ```
>
> を実行して空のsmb.confファイルを作成の上確認を行ってください。

COLUMN　ソースコードからのSambaのインストールと起動

　パッケージとして提供されているSambaはどうしても少し前のバージョンとなってしまいますし、configureオプションを制御することもできません。最新版を使いたい場合や細かいconfigureオプションを変更したい場合は、ソースコードからのインストールが必要となります。

　SambaのソースコードはSambaのWebサイト[注18]などから適宜取得してください。ファイル名はsamba-x.y.z.tar.gzとなります。本書執筆時点での最新版はsamba-4.3.4.tar.gzです。

　Sambaをコンパイルするには一般的な開発環境に加え、configureオプションで有効化する機能に応じて各種ライブラリが必要です。詳細についてはSambaのWikiページ[注19]を参照してください。

　Samba 4.0.0以降ではpythonへの依存度が高まり、コンパイルに際してもpythonが必須となっています。コンパイル自体は一般的なフリーソフトウェアと同じくソースアーカイブを展開してからconfigure、makeで行います。

```
$ tar xzf samba-4.2.1.tar.gz
$ cd samba-4.2.1
$ ./configure configureオプション
(中略)
$ make
(中略)
```

[注18] https://download.samba.org/pub/samba/
[注19] https://wiki.samba.org/index.php/OS_Requirements

Sambaには多くのconfigureオプションが存在しますが、特殊な設定以外は対応するライブラリがインストールされていれば自動的に有効になりますので、あまり意識する必要はありません。

　ただし、LinuxおよびFreeBSD10以降以外の環境で日本語環境を問題なくサポートする上では、森山氏のサイト[注20]で提供されているパッチを適用したGNU libiconvを使用する必要がありますので、--with-libiconvオプションで明示的にパッチを適用したGNU libiconvのインストールパスを指定してください。

　なお、デフォルトで有効になっているモジュール以外のモジュールを使用したい場合は、--with-shared-modulesオプションの設定が必要です。デフォルトで有効になるモジュールについては、Sambaのソースコード内のsource3/wscript内の設定を参照してください。

　makeが完了したら、一般的なプロダクトと同様にmake installコマンドでインストールが完了します。--prefixオプションを指定しなかった場合、Sambaを構成するファイルは/usr/local/samba以下にインストールされ、Sambaサーバを構成する実行ファイルは/usr/local/samba/sbinにインストールされます。デーモンとして起動するには次のように-Dオプションをつけて実行します[注21]。

```
# /usr/local/samba/sbin/smbd -D
# /usr/local/samba/sbin/nmbd -D
# /usr/local/samba/sbin/winbindd -D
```

　終了させる場合は、各プロセスに対してSIGTERMシグナルを送信します。

Sambaの起動確認とプロセス構成

　インストールが完了してSambaが起動したら、念のためSambaを構成する各プロセスの起動を確認しておきましょう。以下Sambaの起動確認方法や使用するリソースについて説明しておきます。

◉ Sambaの実体

　Sambaの実体は**表1-2-2**のようにsmbd、nmbd、winbindd、sambaという4種類のプロセスから構成されています。

注20　http://www2d.biglobe.ne.jp/~msyk/software/libiconv-patch.html
注21　設定ファイルであるsmb.confファイルが存在しないと起動に失敗します。とりあえず動作確認する場合はtouchコマンドなどでダミーのsmb.confファイルを作成してから起動してください。

表1-2-2 Sambaサーバを構成するプロセス

プロセス名	使用ポート	プロセス数	機能
smbd	139/tcp、445/tcp	多数	ファイル共有、そのほかSambaサーバの大半の機能
nmbd	137/udp、138/udp	1～2	名前解決、WINSサーバ、ブラウジング機能など
winbindd	-	多数	Winbind機構
samba	多数	多数	Active Directoryのドメインコントローラ機能

　単にSambaを起動する場合はsmbdとnmbdのみを起動します。smbdはWindowsクライアントからのアクセスごとにプロセスが生成されますので、多数のアクセスが行われている環境では多数のプロセスが起動しているはずです。nmbdは「dns proxy = yes」が設定されている場合（デフォルト）は2プロセス、それ以外の場合は1プロセスが起動します。

　プラットフォーム標準の方法でSambaの起動、停止を行っている限り内部的なプロセス構成を意識する必要はあまりありませんが、基礎知識として覚えておくことをお勧めします。

　winbinddについては4章で、sambaについては5章で説明します。

● Sambaの起動確認

　Sambaの起動確認には、psコマンドなどでnmbdおよびsmbdプロセスの存在を確認するのがよいでしょう。

```
[root@centos7 ~]# ps ax | grep mbd
 2511 ?        Ss     0:00 /usr/sbin/smbd
 2512 ?        S      0:00 /usr/sbin/smbd
 2573 ?        Ss     0:00 /usr/sbin/nmbd
 2578 pts/0    R+     0:00 grep --color=auto mbd
```

　Sambaが正常に起動している場合は139/tcpを始めとするいくつかのポートが使用されます。この確認には、次のようにnetstatコマンドやssコマンド[注22]を用いるのがよいでしょう。

```
[root@centos7 ~]# netstat -an | egrep ':13[789]|445'
tcp        0      0 0.0.0.0:445             0.0.0.0:*               LISTEN
tcp        0      0 0.0.0.0:139             0.0.0.0:*               LISTEN
tcp6       0      0 :::445                  :::*                    LISTEN
tcp6       0      0 :::139                  :::*                    LISTEN
udp        0      0 192.168.135.255:137     0.0.0.0:*
udp        0      0 192.168.135.170:137     0.0.0.0:*
```

注22　本書執筆時点のCentOS 7標準のssコマンドにはudpとtcpが誤表示されるバグを始めとする致命的なバグが存在するため、筆者としては使用をお勧めできません。非推奨という位置づけにはなっていますが、別途net-toolsパッケージをインストールして従来からのnetstatコマンドを使用することを強くお勧めします。

```
udp        0      0 0.0.0.0:137             0.0.0.0:*
udp        0      0 192.168.135.255:138     0.0.0.0:*
udp        0      0 192.168.135.170:138     0.0.0.0:*
udp        0      0 0.0.0.0:138             0.0.0.0:*
```

Windowsクライアントからのアクセスと動作確認

　Sambaの起動が確認できたら動作確認のためWindowsクライアントからアクセスしてみましょう。

　Sambaの設定は**2章**で説明するsmb.confというファイルで行いますので順番が前後しますが、動作確認用に筆者が用いているsmb.confを**リスト1-2-5**に示します。各行の意味については**2-1節**を参照してください。ここでは、この設定により/tmpディレクトリがtmpという共有名で読み取り専用で共有され、誰でも認証なしでアクセスできるということだけ理解しておけば十分です。

　プラットフォーム付属のsmb.confファイル[注23]をリネームするなどして、**リスト1-2-5**の内容のsmb.confファイルを新規に作成の上、Sambaの再起動を行います。前述した各プラットフォーム手順にしたがってSambaを再起動してください。

リスト1-2-5 動作確認用のsmb.conf

```
# simple smb.conf file for checking
[global]
  map to guest = bad user

[tmp]
  path = /tmp
  guest ok = yes
```

　Windowsクライアント側は、一般のWindowsサーバへアクセスする時と同様の設定を行なっておけば充分で、特別の設定を行なう必要はありません。

● Sambaサーバへのアクセス

　準備ができたら、次のようにして/tmpディレクトリに何かファイルを作成した上で、**図1-2-10**のようにしてSambaサーバへアクセスしてみましょう。

```
$ touch /tmp/test.txt
```

注23　具体的なsmb.confの位置については2-1節を参照してください。

図1-2-10 Sambaの共有にアクセス（Windows 7）

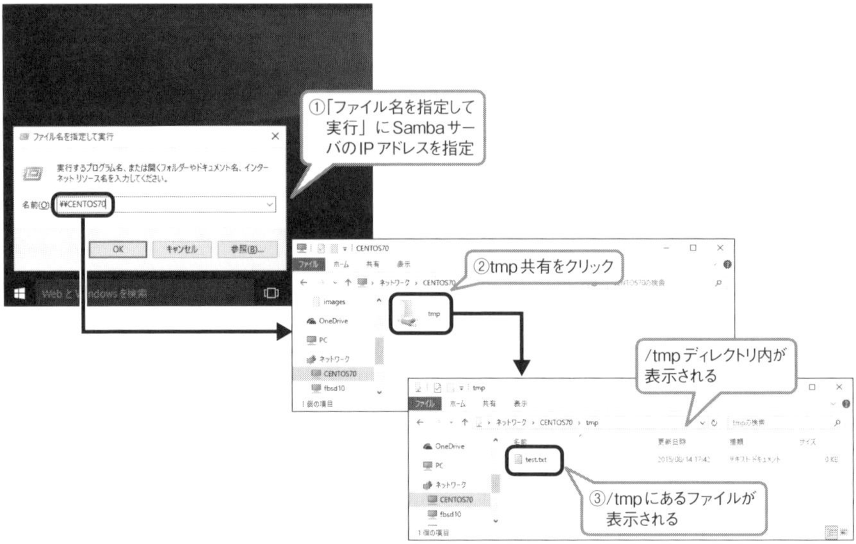

① 「ファイル名を指定して実行」にSambaサーバのIPアドレスを指定

② tmp共有をクリック

③ /tmpにあるファイルが表示される

/tmpディレクトリ内が表示される

① Windowsクライアントの「ファイル名を指定して実行」欄、もしくはエクスプローラのアドレス欄などに「¥¥*SambaサーバのIPアドレス*」と入力して Enter を押します
② Sambaが適切に構成されていれば、tmpという共有フォルダが表示されます
③ tmpフォルダに入ると、先ほど作成したファイルが表示されており、サーバの/tmpが共有されていることが確認できます[注24]。

どうしてもうまくアクセスできないという場合は、以下を参考にしてトラブルシューティングを行ってください。

● ファイアウォールやセキュリティの設定を確認する

インターネットからの不正なアクセスを防御してくれるファイアウォールですが、Sambaにとって本来必要な通信も遮断してしまう厄介な機能でもあります。うまくつながらないといった原因のかなりのものがWindows上でパーソナルファイアウォールが実行されていることによるものです。ファイアウォールを無効にして確認を行ったつもりが実は無効になっていなかったという場合もあるので、どうやってもつながらない場合は、再度ファイアウォールの設定を見直してみてください。

● TCP/IPレベルの接続を確認する

Sambaの設定が適切に行われていても、基本となるTCP/IPの設定に誤りがあっては

注24 SELinuxが有効になっている場合、適切な設定を行わないとアクセスに失敗する場合がありますので、動作確認の観点では一時的にSELinuxを無効にして確認することをお勧めします。

当然接続できません。念のためIPアドレス、サブネットマスクなどの設定を確認してください。目視確認を行ったら、次のようにして確認を行ってください。

① WindowsクライアントおよびSambaサーバ上で、

```
ping 互いのIPアドレス
```

を実行して互いに反応があることを確認する。

② Windowsクライアント上で、

```
nbtstat -A SambaサーバのIPアドレス
```

を実行して、図1-2-11のような出力が得られることを確認する。

図1-2-11 nbtstatコマンドの実行例

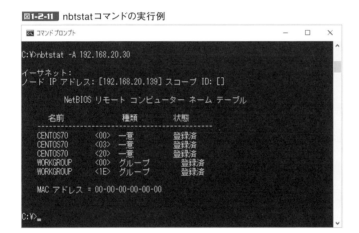

①がうまくいかない場合はTCP/IPレベルの設定に問題があります。②がうまくいかない場合はSambaが起動していない、ファイアウォールが有効になっているといった原因が考えられます。

ファイアウォールが有効になっていると、pingコマンドに失敗してもSambaでは接続できてしまうといったケースがあります。セキュリティ上悩ましい点ではありますが、トラブルシューティングの観点からはファイアウォール機能を一時的に無効にした状態で確認を行った方が確実です。

ここまでの作業を行うことで、Sambaのインストールを行い、最低限動作すること

が確認できました。最近ではファイアウォールを始めとするセキュリティ機能が充実している半面、サーバを構築する際にこれらの機能が足を引っ張りなかなか思うように動かないこともあると思います。

　ここまでたどり着ければ、あとはSambaの設定に専念できます。**2章**では共通的なSambaの設定について説明を行い、**3章**以降に各種設定を行っていくうえでの基本となる設定を行います。

第 2 章

まずは動かしてみよう！

Sambaの基本設定と
ユーザ管理

　1章では、Sambaのインストールを中心に動作確認というレベルでの動作確認を行いました。本章では、Sambaを設定するのは初めてという読者を対象に、Sambaを実環境で用いる上で最低限知っておいてほしい概念、Sambaの設定方法および認証に関して説明します。

2-1

Sambaの設定方法

　Sambaの設定は主にsmb.confファイルを設定することにより行います。パッケージからインストールを行った場合のsmb.confファイルのパスはプラットフォームにより若干異なります。代表的なプラットフォームにおけるsmb.confファイルのパスを**表2-1-1**に示します。

表2-1-1 smb.confファイルのパス

CentOS	/etc/samba/smb.conf
Ubuntu Server	/etc/samba/smb.conf
FreeBSD	/usr/local/etc/smb4.conf[注1]
デフォルト	/usr/local/samba/etc/smb.conf

　CentOSやUbuntu Serverでは、パッケージをインストールするとsmb.confファイルも同時にインストールされます。このsmb.confファイルには大量のコメントとともに、さまざまな設定のひな形が記載されています。このsmb.confを修正するところから始めたいところですが、適切に修正するためにはインストールされたsmb.confファイルの設定を理解するところから始める必要がありますので、かえって面倒です[注2]。そのため、本書ではいちからsmb.confを作成する前提で説明を進めます。

smb.confファイルの設定

　リスト2-1-1にリスト1-2-5で示したsmb.confファイルを再掲します。このsmb.confファイルを例にsmb.confファイルの構造を説明します。

リスト2-1-1 動作確認用のsmb.conf（再掲）

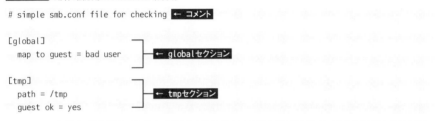

注1　samba4以降のパッケージの場合。それ以前のパッケージでは/usr/local/etc/smb.conf。
注2　パッケージ付属のsmb.confを修正する形で説明を行うと、プラットフォームごとに説明を行う必要があるため、本章がふくれ上がってしまうという現実的な理由もあったりします……。

● コメント

一般的な設定ファイルと同様、「#」や「;」から始まる行や改行だけの行はコメントとして扱われ、無視されます。

● セクションと共有名

［global］、［tmp］といった［］で囲まれた行から次の［］で囲まれた行、もしくは最終行までの間が1つの「セクション」となり、［］で囲まれたglobalやtmpといった文字列は「セクション名」となります。上記のsmb.confはglobalセクション、tmpセクションという2つのセクションから構成されています。

セクションは基本的にファイル共有、プリンタ共有に対応します。ただし、**表2-1-2**に記載した3つのセクションだけは特殊セクション（special section）としてあらかじめ名前が予約されており、各々特別な意味が定義されています。

> **Note**
> セクションの記述順の制約はとくにないのですが、通常globalセクションを先頭に記述しますので、本書もそのように記載しています。

表2-1-2 特殊セクション

global	Samba全体の設定を記述する。特定の共有には関連づけられていない
homes	このセクションを定義すると、各ユーザのホームディレクトリが一括して共有される。詳細は3-1節を参照
printers	このセクションを定義すると定義ファイルで定義されているプリンタが一括して共有される。

※globalセクションは、Samba全体に関連する設定を記載する特殊セクションでとくに重要です。

● パラメータ

次に**リスト2-1-1**のglobalセクション設定を見ていきましょう。globalセクションには現在、

```
map to guest = bad user
```

という1行があります。「=」の左側のmap to guestを「パラメータ」と呼び、右側のbad userを「パラメータ（の）値」あるいは単に「値」と呼びます。ここではmap to guestパラメータの値をbad userに設定しています。

1行に「=」文字が複数出現した場合は、一番左の「=」文字がパラメータと値の区切り文字として扱われ、それ以降の「=」は単なる文字として扱われます。たとえば、

```
ldap user suffix = ou=Users
```

という行の場合、ldap user suffixパラメータの値がou=Usersに設定されます。

tmpセクションには、

```
path = /tmp
guest ok = yes
```

という2行があります。pathパラメータの値として/tmpが設定されています。もう1つのguest okパラメータは真偽値パラメータであり、ここではyesを設定しています。

真偽値パラメータとは、値として真偽値（boolean）をとるパラメータです。真偽値の指定としては、表2-1-3のいずれも有効で大文字小文字の区別もありません。本書では便宜上yes/noという表記に統一していますが、ほかの指定方法でもかまいません[注3]。

表2-1-3 真偽値パラメータのとり得る値

真	偽
yes	no
true	false
1	0

このほか、パラメータには数値のみをとるものや特定のキーワードのみをとるものもありますが、それらについては関連する個所で説明します。

Sambaには多くのパラメータがありますが、明示的に設定されていないパラメータについてはデフォルト値が設定されたものとみなされて処理が行われます。

● Samba変数

Sambaではパラメータの値に変数を用いることができます。本書ではこれをSamba変数と呼びます。Samba変数によりアクセスするユーザごとに処理を変えるといった機能が実現できます。主なものを表2-1-4に示します。

表2-1-4 主要なSamba変数一覧

変数名	説明
%L	サーバのNetBIOS名
%m	クライアントのNetBIOS名
%U	サーバにアクセスしているユーザ
%D	ユーザのドメイン名
%S	セクション（共有）名（共有にアクセスしている場合）
%u	共有にアクセスしているユーザ名
%g	%uユーザのプライマリグループ
%H	%uユーザのホームディレクトリ

注3 後述するtestparmコマンドでSambaのパラメータを正規化するとYes/Noに統一されます。

Samba変数の具体的な使い方については、関連するパラメータの説明と併せて個別に行います。ここではSamba変数というものがあるということを理解しておいてください。

> **COLUMN** **smb.conf 記述のゆれ**
>
> 　smb.confの記述には若干のゆれが許容されています。このためSambaの書籍やWebサイトによっては、同じ設定なのに記述が若干異なることがあります。
>
> ● **空白文字の扱い**
>
> 　パラメータ名では、大文字小文字やパラメータ名の前後およびパラメータ名中の空白文字が無視されます。たとえば次のものは同じパラメータ名になります。
>
> ・workgroup
> ・work group
> ・WorkGroup
> ・Ｗ Ｏ Ｒ Ｋ　ＧＲＯ ＵＰ
>
> 　本書では原則としてtestparmコマンドにより表示される「正規化」された名称にしたがって記載しています。
>
> 　各パラメータの値の処理では、「=」文字からパラメータの値の先頭までの空白文字と文字列の終端の空白文字は無視されますが、文字列内の空白文字や大文字小文字の区別はそのままの状態で処理が行われます[注4]。
>
> 　本書では「=」の前後に1文字以上の空白を入れて記載しています。
>
> ● **パラメータのシノニム、反意シノニム**
>
> 　パラメータによっては過去の互換性などの理由で別名（シノニム）が存在している場合があります。シノニムには、
>
> ・browsable
> ・browseable
>
> のように表記の違いを吸収するためのものから、
>
> ・guest ok
> ・public
>
> のように歴史的経緯でまったく異なる名称が同じパラメータとして扱われているものまで多様です。また、

[注4] パラメータ固有の処理として、値を大文字化して解釈したり空白文字を無視して解釈したりする場合はあります。

- writeable = yes
- read only = no

のように、あるパラメータをyesに設定した場合と別のパラメータをnoに設定した場合とが同じ設定になるという「反意シノニム」もあります。

本書では原則としてtestparmコマンドにより表示される「正規化」された名称にしたがって記載していますが、それ以外の名称が使われることが多い場合は適宜補足して説明しています。

smb.confの設定確認と反映

Sambaにはsmb.confファイルの設定確認および一部のSamba変数の効果を確認するプログラムとしてtestparmというコマンドが提供されており、設定を確認できます。以下、設定内容の反映方法と併せて説明します。

● testparmコマンド

testparmコマンドによりsmb.confファイルの設定確認を行うことができます。オプションなしでtestparmコマンドを実行することにより、図2-1-1のようにsmb.confファイルの内容を解析して表示するとともに、問題がある場合はエラーメッセージを出力します。

図2-1-1 testparmコマンドの実行例

```
# testparm
Load smb config files from /etc/samba/smb.conf
Processing section "[homes]"
Unknown parameter encountered: "browesable"    ←(1)
Ignoring unknown parameter "browesable"         ←(2)
Processing section "[tmp]"
Loaded services file OK.
Server role: ROLE_STANDALONE
Press enter to see a dump of your service definitions  ← 表示内容を確認の上Enterキーを入力する

[global]
        dos charset = CP932
        workgroup = HOME
(以下smb.confの内容を出力)
```

図2-1-1では、

- (1) browesableという存在しないパラメータが設定されている警告
- (2) browesableパラメータを無視した旨の情報

が表示されています。また、実はチェック対象のsmb.confファイルではdos charset行の次に「unix charset = UTF-8」という設定を明示的に行っているのですが、これはデフォルト値のため図2-1-1では表示されていません。

testparmコマンドは、存在しないパラメータについて警告するだけではなく、簡単な設定ミスや矛盾もチェックしてくれます。スペルミスなどによるトラブルを防ぐ意味でもぜひ活用してください。

testparmコマンドの書式と主なオプションを表2-1-5に示します。

書式 testparm [-s][-v][*smb.confファイルのフルパス*]

表2-1-5 testparmの主なオプション

オプション	説明
-s	smb.confの内容を表示する前に確認を求めない
-v	デフォルト値のパラメータもすべて表示する（デフォルトの動作は、デフォルト値以外の値を設定したパラメータのみを表示する）
smb.confファイルのフルパス	解析対象のsmb.confファイル。指定しない場合はデフォルトのパスのsmb.confファイルを解析する

図2-1-1では、実際にsmb.confの内容を出力する前に一度ユーザからの入力待ちとなっていますが、これを行ないたくない場合は-sオプションを指定します。

また、デフォルトではデフォルト値のままのパラメータ行は表示されませんが、-vオプションを指定することですべてのパラメータ行を表示させることが可能です。多くのパラメータを変更した場合などは、意図した通りに変更が行われているかどうかを確認するために、図2-1-2のようにして新旧両smb.confの差分を確認してみるのもよいでしょう。

図2-1-2 新旧smb.confの差分を確認する

```
$ testparm -s -v smb.conf.old > smb.conf-testparm.old.txt
$ testparm -s -v smb.conf.new > smb.conf-testparm.new.txt
$ diff -u smb.conf-testparm.old.txt smb.conf-testparm.new.txt
```

testparm -vコマンドはパラメータの並び順や大文字小文字など表記の差異を「正規化」しますので、上記を行うことで設定が変更されたパラメータのみを確実に抽出することが可能です。

またtestparmコマンドは、エラー発生時にはコマンドの戻り値として1を返却します（正常終了時は0）ので、スクリプトなどから使用することも可能です。

COLUMN　有効なパラメータ行の抽出

　CentOS、Ubuntu Serverともに、デフォルトのsmb.confは多くのコメントが含まれていて非常に長大になっていますが、有効な行はわずかです。

　次のように複数のコマンドを組み合わせることで、有効なパラメータ行を抽出して表示することができます。CentOS 7デフォルトのsmb.confは300行以上あるのですが、実際に有効な行は20行しかないことが確認できます。

```
[root@centos7 ~]# cat /etc/samba/smb.conf | egrep -v ^'[[:space:]]*[#;]' |grep -v '^$'
[global]
        workgroup = MYGROUP
        server string = Samba Server Version %v
        log file = /var/log/samba/log.%m
        max log size = 50
        security = user
        passdb backend = tdbsam
        load printers = yes
        cups options = raw
[homes]
        comment = Home Directories
        browseable = no
        writable = yes
[printers]
        comment = All Printers
        path = /var/spool/samba
        browseable = no
        guest ok = no
        writable = no
        printable = yes
```

●設定の反映

　smb.confファイルの修正が完了したら設定を反映させましょう。月並ですが、**1-2節**で説明した各プラットフォーム固有の方法を用いてSambaの再起動を行うのが一番確実でお勧めできます[注5]。

[注5] smbcontrolコマンドのreload-configオプションにより再起動せずにsmb.confファイルの再読み込みを行う機能も用意されていますが、設定が反映されないパラメータや反映されるまでに時間がかかるケースなどがあり、運用が複雑になりますのでお勧めしません。

2-2
Sambaの基本設定

いよいよ、本格的なsmb.confファイルの作成に入ります。本節では、**リスト2-2-1**のようなsmb.confファイルの作成を目的としてglobalセクションで設定するSambaの基本的なパラメータについて説明していきます。

リスト2-2-1 今回作成するsmb.confファイルの例

```
# Samba全体の設定
[global]
  ; 日本語関連の設定
  dos charset = CP932
  unix charset = UTF-8

  ; Microsoftネットワーク関連の設定
  workgroup = WORKGROUP
  netbios name = FILESV

  ; Sambaが待ち受けるインターフェースを制限する設定
  interfaces = 192.168.135.28
  bind interfaces only = yes
  socket address = 192.168.135.255

  ; エラーメッセージの抑止設定
  printcap name = /dev/null

  ; ログ出力の設定
  log level = 1
```

注意
本書では説明の便を考慮してコメントを日本語で記載していますが、日本語でコメントを記載した際の網羅的な動作確認は行っていません。万一問題が発生した場合は、コメント内容を英語にするか削除してください。

smb.confの文字コードをシフトJISにしている場合は、改行コードまわりで問題が発生する可能性が高いため、日本語のコメントは避けた方が無難です。

日本語サポートと文字コード関連の設定

最近では「文字コード」について意識する機会は減りましたが、それでも日本語を含む英語以外の言語の文字を適切に扱う上で、文字コードをまったく無視することはできません。ここでは、文字コード設定の背景および関連するパラメータについて説明します[注6]。

注6 本書は文字コードの専門書ではないので、文字集合や符号化形式といった専門的な用語や概念は可能な限り避け、あえて「文字コード」という用語を使って説明を行っています。そのため、厳密にいうと若干あいまいな説明となっている点については御理解ください。

◉ **文字コード設定の背景**

文字コードの設定を理解する上で、背景について簡単に説明しておきます。

現在ではUnicodeという多言語の文字に対応した文字コードが広く使われています。しかし以前は、扱えるデータ量が少なかったこともあり、各言語ごとに異なる文字コードが使われていました。

以前のWindowsプラットフォーム[注7]では、コードページ（codepage、略称CP）を切り替えることで対応する言語を切り替える機能が実装されていました。Windowsで日本語の文字コードとして使われていたのはシフトJISという文字コードで、コードページは932になります。

一方LinuxやFreeBSDを含むUNIX系のプラットフォームでは、日本語の文字コードとしてUNIX環境との親和性が高い、EUC-JPという文字コードがおもに使われてきました。

Unicodeの普及に伴い、これらのレガシーな文字コードが使われる機会は減りつつありますが、完全になくなってはいません。

◉ **文字コード関連の設定**

日本語版のWindowsクライアントを使用している環境では、原則として次の設定を行ってください[注8]。

```
dos charset = CP932
```

CP932は先に説明したコードページ932を意味します。

現在のWindowsクライアントとSambaサーバ間の通信は通常Unicodeベースの文字コードで行われますので、実際には、この設定を行わなくても大半の機能で日本語を含む多言語の文字を適切に扱うことができますが、文字化けのリスクを低減するため、LinuxやFreeBSDでは設定を推奨します。

> **COLUMN 複数言語版Windowsクライアントの混在環境**
>
> 複数の言語版のWindowsクライアントが混在している環境では、dos charsetパラメータにどのような値を設定しても、設定した言語以外のWindowsクライアントでは一部のレガシーな機能で文字化けが発生する可能性が発生します。文字化けの発生を完全に抑止したい場合は、英語以外の文字を使わないようにするしかありません。これはWindowsの仕様上の制約

注7　Windows 3.1、Windows 95や、さらに以前のMS-DOSなどが該当します。
注8　CP932やEUCJP-MSという値は、P.56のコラム「文字コードに指定可能な値について」でも説明しているとおり、厳密にはLinuxやFreeBSDで提供されているiconv(3)関数に存在する文字コード名です。商用UNIXなどその他のプラットフォームでは、別の文字コード名の設定が必要な場合や、そもそもSambaが期待する文字コード変換が実装されていない可能性があります。

です。

　ただし、ファイル名を始め、大半の機能はUnicodeに移行しているため、実用上支障が発生することはあまりないと思います。

　仕様上明らかに文字化けが発生するのは、たとえば次のような機能です。

・ブラウジング機能（英語以外のコンピュータ名を使っている場合）
・短いファイル名

　なおファイル名に特定の言語特有の文字を使用している場合は、異なる言語版のWindowsクライアントにおいて、該当の文字をデータとしては認識していても、表示用のフォントが対応していないことにより文字が表示されない場合がありますので、留意してください。

　また、UNIXサーバ上でファイル名に使用する文字コードとしてUTF-8以外を使っている場合は、unix charsetパラメータの設定が必要です。値としては、UNIXサーバ上で使用する文字コードに応じて表2-2-1のいずれかを設定してください。

表2-2-1 unix charsetパラメータで設定可能な値

値[注9]	使用する文字コード	説明
CP932	シフトJIS	Windowsと互換性のある、日本語の文字に対応した文字コード
EUCJP-MS	EUC-JP	UNIX環境との親和性が高い、日本語の文字に対応した文字コード
UTF-8	Unicode	多言語の文字に対応した文字コード（デフォルト）

　何も設定しない場合のデフォルト値はUTF-8ですので、UTF-8から変更する必要がなければ、本パラメータの設定は不要です。

> インターネット上ではdisplay charsetパラメータの設定についての記事が多くありますが、このパラメータはSamba 4.0.0以降廃止されています。それ以前のSambaでも、基本的に設定する必要はありません。

　なお、unix charsetパラメータは、ファイル名以外に次のような個所の文字コードに影響します。

・smb.confファイル
・ログファイル
・各種内部データベース

　運用開始後に値を変更した場合、smb.confファイルやテキストベースのログファイルについては文字コード変換を行えばよいのですが、内部データベースについては文字コードを変換する方法が提供されていないため、最悪の場合はファイル破損とみなされ、

注9　CP932を選択した場合は日本語の共有名として、文字コードに0x5cを含む文字を設定できないという問題が報告されていますので注意してください。

設定が消失する可能性があります。そのため、この値の設定、変更は慎重に行ってください。

また、このパラメータはsmb.conf自身の文字コードも決定しますので、設定する場合はglobalセクションの先頭で設定してください。

> **COLUMN** 文字コードに指定可能な値について
>
> Sambaの文字コード変換は、一部の基本的な文字コードを除いて外部のiconv(3)関数を呼び出して実施します。そのため、dos charsetパラメータやunix charsetパラメータの値には、iconv(3)関数が認識できる文字コード名であれば何でも指定できます[注10]。
>
> 日本語以外の環境でSambaを使用する場合は、該当の言語に対応するiconv(3)関数の文字コード名を確認して設定を行ってください。認識できる文字コード名の一覧は、iconv -l コマンドで表示できます。
>
> このコマンドを実行すると、日本語用の文字コード名として多数の文字コード名が確認できますが、**表2-2-1**に示したもの以外は使用しないでください。理由について知りたい方は、「波ダッシュ問題」など、Unicodeと既存の文字コードとのマッピングに関する技術情報を参照してください。

Microsoftネットワーク関連の設定

Microsoftネットワークでは、**図2-2-1**のように「ネットワーク」フォルダ内に一覧表示されたコンピュータからアクセスしたいコンピュータをクリックしてアクセスする操作がサポートされています。また「¥¥コンピュータ名¥共有名」というUNCパスによる指定方法をご存じの方も多いでしょう。

図2-2-1 「ネットワーク」フォルダ内のコンピュータ一覧表示

[注10] ただし、JIS (ISO-2022-JP) などのエスケープシーケンスを使う文字コード、UCS-2などのASCIIとの互換性がない文字コード、iconv(3)関数でUTF-8との直接変換がサポートされていない文字コードを指定してはいけません。

Sambaサーバも、Windowsサーバと同様に「ネットワーク」フォルダからアクセスしたりUNCパスでアクセスしたりできます。実際、**図2-2-1**のCENTOS66やCENTOS70といったアイコンはSambaサーバ、READYNAS01というアイコンはSambaが内蔵されたNASのものです。以下、関連するパラメータについて説明します。

なお、SambaサーバにはIPアドレスを指定してアクセスすることもできますので、これらはSambaサーバへのアクセスを実現する上で必須の設定ではありません。よくわからない場合はデフォルト値、未設定のままでかまいません。

● コンピュータ名の設定

デフォルトでは、サーバのホスト名がコンピュータ名としてそのまま「ネットワーク」上で表示されます。現在のホスト名は次のようにhostnameコマンドなどで確認してください[注11]。

```
$ hostname
centos70
```

コンピュータ名を変更したい場合は、ホスト名を変更することで間接的に変更することをお勧めしますが、ホスト名とは別の名前にしたい場合は個別に設定することもできます。たとえば、FILESVという名前にしたい場合は、

```
netbios name = FILESV
```

のように設定します[注12]。

● ワークグループ名の設定

Microsoftネットワークには「ワークグループ」という概念があります。最近のWindowsでは、これをコンピュータ一覧表示の際のグルーピングに使用できます。**リスト2-2-1**ではデフォルト値の、

```
workgroup = WORKGROUP
```

を設定する例を示していますが、Windowsクライアントで明示的にワークグループ名を設定している場合はそれに合わせておくことをお勧めします。Windowsクライアントのワークグループ名は**図2-2-2**のようにシステムのプロパティから参照、変更できま

[注11] ホスト名の変更方法はプラットフォームによって異なりますので、各プラットフォームのドキュメントを参照してください。

[注12] 値に大文字小文字の区別はありません。なおnetbios aliasesパラメータにより、別名を設定することもできます。

す[注13]。

図2-2-2 ワークグループ名の設定

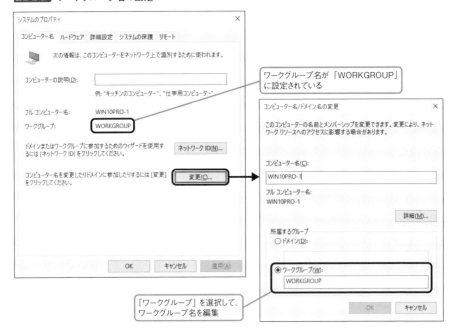

Sambaが待ち受けるインターフェースの制限

　Sambaのデフォルトでは、接続されているすべてのインターフェース上でWindowsクライアントからのアクセスを待ち受けます。しかし、インターフェースごとに異なる設定のSambaを起動したい場合やセキュリティ上の理由で、Sambaの待ち受けるインターフェースを制限したいというケースも多いと思います。

　一例として、192.168.1.1/24と192.168.2.1/24という2つのインターフェースのあるSambaサーバにおいて、192.168.1.1だけでSambaを待ち受けさせる設定を**リスト2-2-2**に示します。

リスト2-2-2 特定インターフェースのみ待ち受ける設定

```
interfaces = 192.168.1.1 127.0.0.1      ← smbd/nmbdが待ち受けるIPアドレスを指定
bind interfaces only = yes
socket address = 192.168.1.255          ← nmbdが受信するブロードキャストアドレスを制御
```

注13　新しいインターフェースである「設定」-「システム」-「バージョン情報」からは変更できません。

interfacesパラメータでSambaを起動させるインターフェースのIPアドレス[注14]を列挙したうえで「bind interfaces only = yes」を設定することで、Sambaがinterfacesパラメータで指定されたインターフェース以外で待ち受けなくなります。

またsocket addressにSambaを起動するネットワークのブロードキャストアドレスを指定することで、これ以外のネットワークからのブロードキャストを待ち受けなくなります。

Note

interfacesパラメータは必ず127.0.0.1を含めて指定するようにしてください。これを忘れると、一般ユーザからのパスワード変更ができないといった弊害が発生します。

リスト2-2-2で示したパラメータを設定する前後のnetstatコマンドの実行結果を図2-2-3と図2-2-4に示します。図2-2-4では「すべてのインターフェース」を意味する「0.0.0.0」がなくなっていることが確認できます。

図2-2-3 パラメータ設定前のnetstatコマンドの実行結果（CentOS 7）[注15]

```
# netstat -an | egrep '13[789]|445' | grep -v unix
tcp        0      0 0.0.0.0:445             0.0.0.0:*               LISTEN
tcp        0      0 0.0.0.0:139             0.0.0.0:*               LISTEN
tcp6       0      0 :::445                  :::*                    LISTEN
tcp6       0      0 :::139                  :::*                    LISTEN
udp        0      0 192.168.135.255:137     0.0.0.0:*
udp        0      0 192.168.135.170:137     0.0.0.0:*
udp        0      0 0.0.0.0:137             0.0.0.0:*
udp        0      0 192.168.135.255:138     0.0.0.0:*
udp        0      0 192.168.135.170:138     0.0.0.0:*
udp        0      0 0.0.0.0:138             0.0.0.0:*
```

図2-2-4 パラメータ設定後のnetstatコマンドの実行結果

```
# netstat -an | egrep '13[789]|445' | grep -v unix
tcp        0      0 127.0.0.1:445           0.0.0.0:*               LISTEN
tcp        0      0 192.168.135.170:445     0.0.0.0:*               LISTEN
tcp        0      0 127.0.0.1:139           0.0.0.0:*               LISTEN
tcp        0      0 192.168.135.170:139     0.0.0.0:*               LISTEN
udp        0      0 192.168.135.255:137     0.0.0.0:*  ←
udp        0      0 192.168.135.170:137     0.0.0.0:*
udp        0      0 192.168.135.255:137     0.0.0.0:*        注16
udp        0      0 192.168.135.255:138     0.0.0.0:*  ←
```

[注14] DHCP環境でIPアドレスが不定の場合は、IPアドレスの代わりにインターフェース名（Linuxだとeth0、eth1など）で指定することもできます。

[注15] 1章でも説明したように、CentOS 7標準のssコマンドにはバグがあるためnetstatコマンドの実行結果を示しています。

[注16] ブロードキャストアドレスの待ち受けが重複してしまうことを避けたい場合は、「nmbd bind explicit broadcast = no」を設定してください。

```
udp        0      0 192.168.135.170:138     0.0.0.0:*
udp        0      0 192.168.135.255:138     0.0.0.0:*
```

このようにinterfacesパラメータ、bind interfaces onlyパラメータ、socket addressパラメータはセットで用いるものだと覚えてしまうのがよいでしょう。

エラーメッセージ出力の抑止

CentOSやUbuntu ServerでSambaサーバを起動すると、次のように「Unable to connect to CUPS server localhost:631」というメッセージが出力され続けることがあります。

```
[2015/08/12 09:23:15.328848,  0] ../source3/printing/print_cups.c:151(cups_connect)
  Unable to connect to CUPS server localhost:631 - Transport endpoint is not connected
```

CUPSはLinuxで標準的な印刷機構のサービスです。CentOSやUbuntu ServerではSambaのデフォルトの印刷機構がCUPSとなっているため、SambaはCUPSサーバへ定期的に接続して定義済プリンタの一覧を取得しようとします。そのためCUPSサーバを起動していない環境では、このメッセージがログファイルに定期的に出力され続けます。

機能上は無視しても問題ありませんが、煩わしいところもあるため、globalセクションに次の1行を追加することで、このエラーメッセージの出力を抑止することをお勧めします。

```
printcap name = /dev/null
```

ログ出力の設定とSamba動作状況の参照

Sambaはさまざまな情報をログファイルに書き込んでいます。初心者がログファイルを見て原因を解析するのは難しいと思いますが、それでもログファイルを確認することで、手がかりがつかめるケースもあります。

また、smbstatusというコマンドによりSambaの動作状況を適宜確認することができます。

● 出力するログの重要度の指定

Sambaの出力する各ログには、メッセージの重要度（または詳細度）を示すログレベルが必ず設定されています。最も重要度が高いログレベルは0となり、以下重要度の順に10までの値が割り当てられています[注17]。

log levelパラメータ（debug levelという別名があります）により、出力するログレ

[注17] 一部10より大きいログレベルが設定されている場合があります。

ベルを制御します。例えば次の設定を行なうことで、ログレベル1以上（ログレベル0から1）のログが出力されます。

```
log level = 1
```

　log levelパラメータの値を大きくすれば詳細な動作情報を取得できますが、その分ログの容量が増加することに加え、Samba自身の動作も遅くなります。このため通常運用時には、このパラメータの値は0または1程度、最大でも3に留めておくことをお勧めします。4以上のログは開発者向けという位置づけになっており、ソースファイル中の変数や送受信しているパケットに関する詳細な情報が大量に出力されます[注18]。

　Sambaの運用を始めたら、しばらくはlog levelパラメータの値を2や3にして様子を見ることをお勧めします。運用が安定したタイミングで0や1に変更すればよいでしょう。

　なおトラブル発生時に一時的にログレベルを変更したいといったときには、smbcontrolコマンドを用いることで、Sambaの再起動を行わずにログレベルを変更することができます。

書式 smbcontrol プロセス debug ログレベル

「プロセス」としては、smbdやnmbdといったSambaのプロセス名やPIDを入力します。例えば、smbd（のすべてのプロセス）のログレベルを5にするには次のように実行します。

```
# smbcontrol smbd debug 5
```

● ログファイルのパスとサイズ

　Sambaのログの出力先となるログファイルのパスを**表2-2-2**に示します。

表2-2-2 Sambaのログファイルのパス

CentOS	/var/log/samba
Ubuntu Server	/var/log/samba
FreeBSD	/var/log/samba4[注19]
デフォルト	/usr/local/samba/var

　とくに設定を行っていない場合、ログファイルは上記のディレクトリ直下にlog.smbd、log.nmbdといったファイル名で出力されます。

注18　ログクラスという概念を使うことで、ログクラスごとに異なるログレベルを設定することもできますが、ログクラスの使い分けはかなり難しいため、本書では取り上げません。

注19　Samba3のログファイルは/var/log/samba以下に出力されます。

デフォルトでは、ログファイルの最大サイズは約5MBとなっています。このサイズを越えると、ファイル名が末尾に「.old」をつけた名称にリネームされ、以降の出力は新しいログファイルに行われます。リネームの際にすでに「.old」の付いた名称の古いログファイルが存在していた場合は削除されます。

ログファイルがすぐにいっぱいになってしまうという場合は、次のようにしてログファイルの最大サイズを変更してみるのもよいでしょう。数値の単位はKBです。数値を0にした場合、最大サイズは無制限となります。

```
max log size = 5000    ← ログファイルの最大サイズを約5MBにする（デフォルト値）
```

> **Note**
> Sambaのデフォルトの機構をそのまま用いる場合、頻繁にログファイルをバックアップしておかないと、古いログがどんどん消失してしまいます。きちんとした運用を行う場合は、Linux系プラットフォームであればlogrotateを用いるなどしてログファイルの欠損が発生しないようなログローテーションのしくみを作りこんでください。

● ログファイルの見方

ログファイルの出力例を**リスト2-2-3**に示します。

リスト2-2-3　「log level = 3」でSamba起動時に出力されるメッセージの一部

```
[2015/05/10 10:33:12,  0] ../source3/smbd/server.c:1189(main)
  smbd version 4.1.12 started.
  Copyright Andrew Tridgell and the Samba Team 1992-2013
[2015/05/10 10:33:12,  2] ../source3/lib/tallocmsg.c:124(register_msg_pool_usage)
  Registered MSG_REQ_POOL_USAGE
[2015/05/10 10:33:12,  2] ../source3/lib/dmallocmsg.c:78(register_dmalloc_msgs)
  Registered MSG_REQ_DMALLOC_MARK and LOG_CHANGED
[2015/05/10 10:33:12.067422,  3] ../source3/param/loadparm.c:4842(lp_load_ex)
  lp_load_ex: refreshing parameters
[2015/05/10 10:33:12.067464,  3] ../source3/param/loadparm.c:750(init_globals)
  Initialising global parameters
[2015/05/10 10:33:12.067515,  3] ../lib/util/params.c:550(pm_process)
  params.c:pm_process() - Processing configuration file "/etc/samba/smb.conf"
[2015/05/10 10:33:12.067542,  3] ../source3/param/loadparm.c:3568(do_section)
  Processing section "[global]"
[2015/05/10 10:33:12.067680,  3] ../source3/param/loadparm.c:1777(lp_add_ipc)
  adding IPC service
[2015/05/10 10:33:12.067968,  2] ../source3/lib/interface.c:341(add_interface)
  added interface lo ip=127.0.0.1 bcast=127.255.255.255 netmask=255.0.0.0
[2015/05/10 10:33:12.068016,  2] ../source3/lib/interface.c:341(add_interface)
  added interface ens33 ip=192.168.135.170 bcast=192.168.135.255 netmask=255.255.255.0
[2015/05/10 10:33:12.068091,  3] ../source3/smbd/server.c:1248(main)
  loaded services
[2015/05/10 10:33:12.068274,  3] ../source3/profile/profile.c:189(profile_setup)
```

```
    Initialised profile area
[2015/05/10 10:33:12.068343,  0] ../source3/smbd/server.c:1269(main)
    standard input is not a socket, assuming -D option
[2015/05/10 10:33:12.068447,  3] ../source3/smbd/server.c:1280(main)
    Becoming a daemon.
```

ログの各行は、定型的なヘッダ部と非定型のメッセージ部とから構成されています。ヘッダ部の情報については、図2-2-5のようになっています。

図2-2-5 ヘッダ部の出力内容

非定型部についてはメッセージそのものになりますので、内容を読んで適宜対応する必要があります。と書くとかなり難しくなってしまいますが、トラブル発生時には最低限次のような作業を行ってみることをお勧めします。

- ① ログファイルから怪しそうな行（Errorといった文字列があるなど）を抽出する
- ② そこに出力されているメッセージの非定型部分を検索エンジンで検索してみて、類似のトラブルに関する情報がないかを確認する

ありがちなトラブルであれば、これで解決することも多いと思います。

● smbstatusコマンドによるSamba動作状況の確認

smbstatusコマンドを実行することで、現在のアクセス状況やロック状況を表示できます。実行例を図2-2-6に示します。

図2-2-6 smbstatusコマンドの実行例

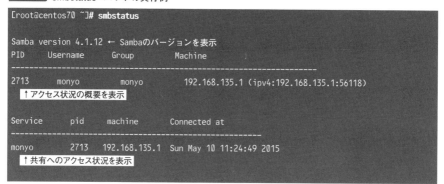

```
Locked files:
Pid          Uid          DenyMode     Access      R/W       Oplock       SharePath           ⏎
Name   Time
--------------------------------------------------------------------------------
-----
2713         1000         DENY_NONE    0x100080    RDONLY    NONE         /home/monyo         ⏎
 .   Sun May 10 11:25:04 2015
2713         1000         DENY_NONE    0x100081    RDONLY    NONE         /home/monyo         ⏎
 .   Sun May 10 11:25:04 2015
```
↑ロック状況を表示

smbstatusコマンドの情報は、上から大きく、

・コネクションの一覧
・各セッションが開いている共有の一覧
・ロックされているファイルの一覧

となっています。トラブル発生時の状態確認のほか、同時アクセス数の推移や利用ユーザ数の情報などを継続的に取得することで、Sambaのパフォーマンスチューニングやキャパシティプランニングに役立てることもできます。

COLUMN Sambaビルド設定の参照

smbd -bコマンドにより、Sambaのビルド時に設定される各種パスや、ビルド時のオプション、有効になっているモジュールといった各種情報を参照することができます。

出力例を次に示します。

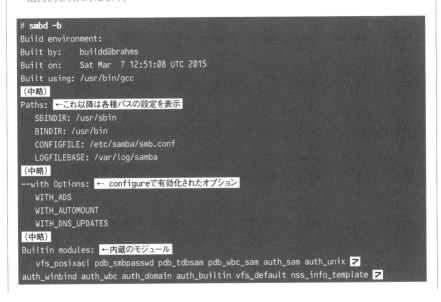

```
idmap_tdb idmap_passdb idmap_nss pdb_samba_dsdb pdb_ldapsam
```

　このように、各種パスやモジュールに関する設定が表示されます。
　5章で説明するsambaプロセスも、samba -bコマンドにより、各種設定ファイルのパス情報を表示させることができます。

基本的なSambaユーザの管理

WindowsクライアントからSambaサーバにアクセスする際には、Windowsクライアントから引きわたされる認証情報[注20]を用いてSambaサーバ上で認証を行う必要があります。

このためにSambaではSambaユーザという独自のユーザを作成し、パスワードを設定する必要があります。

Sambaユーザは認証情報以外にもWindowsのユーザが保持するさまざまな属性情報を保持できますが、ここでは認証情報を中心に、基本的なSambaユーザの管理方法について説明します。

Sambaユーザの概念と認証処理

UNIXサーバにログインする際にはユーザ名とパスワードの入力が必要です。通常ユーザ情報は/etc/passwdファイルに、パスワードをハッシュ化した認証情報は/etc/shadowファイルなどに格納されています。

本来であればWindowsクライアントからSambaにアクセスする際にも/etc/shadowの認証情報を使用したいところですが、WindowsとUNIXとでは認証情報の暗号化（ハッシュ化）のアルゴリズムが異なるため、認証情報を共有できません。一例として「P@ssw0rd」という文字列をハッシュ化した際の文字列を次に示します。

- Linux（MD5ハッシュ）
  6A792mjea$TklBcknsM19NAwjUOkFffkNrz6J8.qyugha.JEolao/aDjcKFq9SQ.jjNe0C4Jn2FFl3HhhpBj9phmTeU59F40

- Windows（NTLMハッシュ）
  E19CCF75EE54E06B06A5907AF13CEF42

このため、SambaではUNIX上に存在するユーザ（UNIXユーザ）とは別に、Samba独自のユーザであるSambaユーザを作成してWindows用の認証情報を格納しています。

認証の際は、Windowsクライアントから送られた認証情報がSambaユーザの認証情

注20　パスワードそのものが渡されるわけではなく、パスワードをハッシュ化した情報が渡されます。

報と比較され、UNIXユーザのパスワードは無視されます。

ただし、Sambaサーバ上のファイルなどにアクセスする際には、なんらかのUNIXユーザの権限で行う必要があります。このため、Sambaユーザには必ず対応するUNIXユーザが存在しており、認証成功後に、必ずUNIXユーザとの対応付けが行われます。

● Sambaの認証処理

ここまで説明したSambaユーザとUNIXユーザが、実際にWindowsクライアントからSambaサーバにアクセスする際の動作概念を**図2-3-1**に示します。この図に基づいて動作を説明します[注21]。

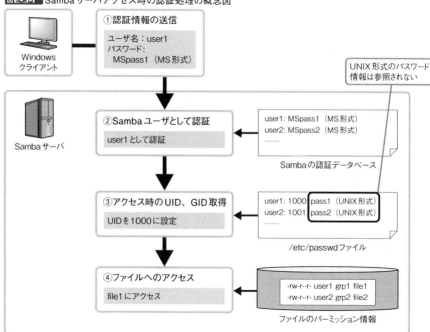

図2-3-1 Sambaサーバアクセス時の認証処理の概念図

- ① まずは、Windowsユーザ名(ここではuser1)と、ユーザが入力したパスワードをWindows形式でハッシュ化した認証情報(ここではMSpass1)がSambaサーバに送付されます。
- ② SambaはWindowsユーザと同じ名前のSambaユーザを検索し、見つかった場合は該当Sambaユーザの認証情報を参照し、認証処理を行います。
- ③ 続いてSambaユーザと同じ名前のUNIXユーザを/etc/passwdファイルなどから検索し、

注21 図2-3-1は認証処理におけるSambaユーザとUNIXユーザの関わりを示す概念図で、厳密な認証処理を示すものではありません。

見つかった場合はユーザID（UID）情報（ここでは1000）やGID情報を取得します。/etc/shadowファイルなどに格納されているUNIXユーザのパスワード情報は参照されませんので注意してください。
- ④ 最終的にUID、GID情報を使ってSambaサーバ上のファイルにアクセスします。ファイルに適切なパーミッションが付与されていない場合、アクセスは拒否されます。

Sambaユーザの管理

Sambaユーザの管理は、基本的にpdbeditコマンドで行います。

以前は同じ目的でsmbpasswdコマンドが提供されていました。このコマンドは現在も使用できますが、パスワード変更など一部の用途以外ではpdbeditコマンドの使用が推奨されます。本書でもpdbeditコマンドを中心に説明します。

pdbeditコマンドの基本的なオプションとsmbpasswdコマンドの主なオプションを**表2-3-1**および**表2-3-2**に示します。pdbeditコマンドのオプションは、短いものと長いものがありますので、**表2-3-1**では/で区切って示しています。

表2-3-1 pdbeditコマンドの基本的なオプション

オプション	説明
-a / --create Sambaユーザ名	Sambaユーザの追加
-x / --delete Sambaユーザ名	Sambaユーザの削除
-t / --password-from-stdin	パスワードのバッチ入力
-L / --list	Sambaユーザの一覧表示
-w / --smbpasswd-style	smbpasswd形式での表示

表2-3-2 smbpasswdコマンドの主なオプション（パスワード変更以外）

オプション	説明
-a Sambaユーザ名	Sambaユーザの追加
-x Sambaユーザ名	Sambaユーザの削除
-e Sambaユーザ名	Sambaユーザを有効化する
-d Sambaユーザ名	Sambaユーザを無効化する

Note

pdbeditには、これ以外にも多くのオプションが存在しますが、大半はドメイン環境以外ではあまり意味がないオプションです。一部は**5-2節**で説明します。

● Sambaユーザの作成、削除

Sambaユーザを作成するには、pdbedit -a（pdbedit --create）コマンドもしくはsmbpasswd -aコマンドを使用します。

2-3 基本的なSambaユーザの管理

Sambaユーザ作成時には、必ず対応する同名のUNIXユーザがすでに存在している必要がありますので、事前に作成しておいてください。前述したようにSambaによる認証の際にはUNIXユーザのパスワードは使いませんので、パスワードを設定する必要はありません。

Sambaユーザを削除するには、pdbedit -x（pdbedit --delete）コマンドもしくはsmbpasswd -xコマンドを使用します。

CentOS 7におけるSambaユーザ作成と削除の様子を**図2-3-2**に示します。

図2-3-2 CentOS 7でのSambaユーザ作成と削除の様子

```
# useradd -m monyo     ← UNIXユーザmonyoを作成、monyoのホームディレクトリも作成する（パスワードは設定不要）
# pdbedit -a monyo     ← Sambaユーザmonyoを作成
new password:          ←パスワードの入力
retype new password:   ←再度パスワードの入力
Unix username:         monyo
NT username:
Account Flags:         [U          ]
（中略）
Last bad password    : 0
Bad password count   : 0
Logon hours          : FFFFFFFFFFFFFFFFFFFFFFFFFFFFFFFFFFFFFFFFFF
# pdbedit -x monyo    ←Sambaユーザmonyoを削除
# userdel monyo       ← UNIXユーザmonyoを削除
```

pdbeditコマンドでSambaユーザを作成すると、作成されたSambaユーザのすべての属性が表示されます。非常に多くの属性があることに驚くかもしれませんが、これらの大半は**5章**で説明するドメイン環境で使われる属性です。本章の範囲ではアカウント属性を意味するAccount Flags行以外は意識しなくてもよいでしょう。アカウント属性の主な種類や説明については後述する**表2-3-4**を参照してください。

> **Note**
>
> バッチ処理などで、パスワードを自動入力したいときは、-tオプションによりパスワードの自動入力ができます。Sambaユーザmonyoのパスワードをdamedameに設定する例を示します。
>
> ```
> # printf "damedame¥ndamedame" | pdbedit -a monyo -t
> ```

● Sambaユーザのパスワード変更

Sambaユーザのパスワード変更についてはsmbpasswdコマンドを使用します。UNIXのpasswdコマンドと同様、rootはユーザ名を指定して任意のSambaユーザのパスワードを変更できますが、一般ユーザは自身のパスワードしか変更できません。

> **Note**
> pdbeditコマンドではユーザ作成時以外にパスワードを設定することはできません。rootはpdbedit -aコマンドでユーザを再作成することで、パスワードを再設定できます。

一般ユーザmonyoが自身のパスワードを変更する様子を次に示します。

```
$ smbpasswd   ←一般ユーザの場合ユーザ名は指定しない
Old SMB password:   ←現在のパスワードを入力
New SMB password:   ←新しいパスワードを入力
Retype new SMB password:   ←新しいパスワードを再入力
Password changed for user monyo
```

一般ユーザのパスワード変更はSambaサーバと通信して[注22]行われるため、Sambaサーバの停止中はパスワードを変更できません。

-sオプションによりパスワード変更をバッチ処理で行うことも可能です。rootユーザがSambaユーザmonyoのパスワードを強制的にdamesugiに設定する様子を次に示します。

```
# (echo damesugi; echo damesugi) | smbpasswd -s monyo
Password changed for user monyo
```

パスワードの変更は、Windowsクライアントから行うこともできます。

Windows 7やWindows 10では、図2-3-3のようにログオン（サインイン）後に[Alt]＋[Ctrl]＋[Delete]を押すと表示される画面で、①「パスワードの変更」をクリックすると表示される画面で、②表示されているユーザ名を「コンピュータ名\ユーザ名」形式でパスワードを変更したいユーザに書き換えます。ここではMADOKAというコンピュータのmonyoというユーザを指定しています。

引き続き、③新旧パスワードを入力して、④「→」をクリックすることで変更できます[注23]。

注22 オプションを指定しない限り、127.0.0.1で待ち受けているsmbdプロセスと通信が行われます。
注23 Windows 8でも、スクリプトなどでWindowsクライアントからパスワードを変更することはできます。

2-3 基本的な Samba ユーザの管理

図2-3-3 Windowsクライアントからのパスワード変更

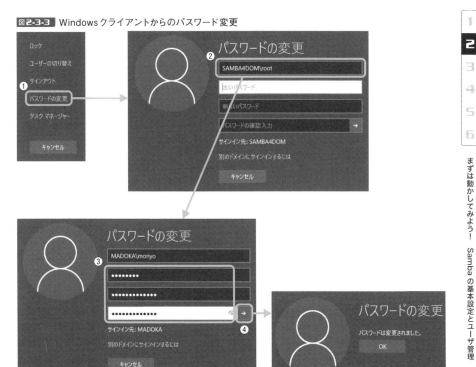

● 最短パスワード長の操作

一般ユーザが自身のSambaユーザのパスワードを変更する際は、最短パスワード長が5に設定されているため、デフォルトでは5バイト以上のパスワード入力が求められます。5バイトに満たない場合は次のようにエラーメッセージが表示されてパスワード変更に失敗します。

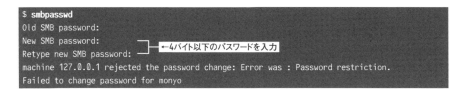

最短パスワード長は、pdbedit -P "min password length" コマンドにより操作します。

書式 `pdbedit -P "min password length" [-C 最短パスワード長]`

単にコマンドを実行することで、現在の最短パスワード長を参照できます。-Cオプ

ションに続いて数値を指定することで、最短パスワード長を設定できます。最短パスワード長の参照および設定の実行例を次に示します。

```
# pdbedit -P "min password length" -C 6  ←最短パスワード長を6に変更
account policy "min password length" description: Minimal password length (default: 5)
account policy "min password length" value was: 5
account policy "min password length" value is now: 6

# pdbedit -P "min password length"  ← 最短パスワード長を確認
account policy "min password length" description: Minimal password length (default: 5)
account policy "min password length" value is: 6
```

●Sambaユーザの有効化、無効化

Sambaユーザを無効化することで、作成したSambaユーザの情報を保持したままログオンを禁止できます。Sambaユーザの無効化や有効化は、smbpasswd -dおよび-eコマンドで行います[注24]。

monyoというSambaユーザを無効化、有効化する際の様子を次に示します。

```
# smbpasswd -d monyo  ←ユーザmonyoの無効化
Disabled user monyo.
# smbpasswd -e monyo  ←ユーザmonyoの有効化
Enabled user monyo.
```

●Sambaユーザの情報確認

現在作成されているSambaユーザの一覧情報の確認は、pdbedit -Lコマンドで行います。-wオプションも付加することで、次のようにsmbpasswdファイル形式でSambaユーザの属性の一部も表示されます。

smbpasswdファイル形式は1ユーザ1行で、図2-3-4のように「:」を区切り文字とした、いくつかのフィールドからなっています。

図2-3-4 smbpasswdファイル形式のフォーマット

注24 pdbeditコマンドで同様の設定を行うこともできますが、本章では設定の難易度などを考慮し、smbpasswdコマンドによる操作方法を紹介しています。

2-3 基本的な Samba ユーザの管理

各フィールドの意味は**表2-3-3**のとおりです。

表2-3-3 smbpasswdファイル形式のフィールド

フィールド	意味
ユーザ名	Sambaユーザ名
UID	Sambaユーザに対応するUNIXユーザのUID
LANMANハッシュ	以前使われていたパスワードのハッシュ化文字列
NTLMハッシュ	現在使われているパスワードのハッシュ化文字列
アカウント属性	Sambaユーザの状態を示す情報
最終更新時刻	LCT-に続いてエントリの最終更新時刻が1970年1月1日からの秒数で記録される

LANMANハッシュとNTLMハッシュはパスワードから生成された文字列になります。ただし、LANMANハッシュは最近のSambaでは使用されていないため、未設定（「X」が32文字）の場合が多いと思います。これらの文字列からパスワードを類推することはできませんが、文字列の変更を確認することで、パスワード変更が実施されたかを確認できます。

> **注意** LANMANハッシュとNTLMハッシュはUNIXの/etc/shadowファイルなどに格納されている暗号化されたパスワードと同様にパスワード情報を意味する文字列ですので、慎重に扱ってください。

アカウント属性は、「[」と「]」で囲まれたアカウントの状態を示すアルファベット大文字から構成されています。Sambaユーザの場合「U」という文字が必ず設定されます。これ以外の主要な文字を**表2-3-4**に示します。

表2-3-4 アカウント属性の文字

文字	意味
U	Sambaユーザ
W	コンピュータアカウント[注25]
D	ユーザは無効
X	無期限パスワード
L	ユーザはロックアウト
N	パスワードなし

注25 コンピュータアカウントの意味はMicrosoft社のドキュメントを参照してください。

2-4 Windowsクライアントからのアクセス

ここまでの設定が完了したら、基本的なglobalセクションの設定とSambaユーザの作成は完了です。以下、Windowsクライアントからの動作確認方法を説明します。

Sambaサーバの設定

まずは作成したsmb.confファイルの末尾に**リスト2-4-1**の設定を追加してください[注26]。

リスト2-4-1 ホームディレクトリを共有する設定

```
# ホームディレクトリを共有する設定
[homes]
  browseable = no
  writeable = yes
```

ファイル共有の設定については**3章**で説明しますので、ここでは、上記の設定により各ユーザのホームディレクトリが共有されるということだけを理解しておいてください。最低限の設定を行ったsmb.confファイルを**リスト2-4-2**に示します。

リスト2-4-2 smb.confファイルの設定例

```
# Samba全体の設定
[global]
  ; 文字コード関連の設定
  dos charset = CP932

# ホームディレクトリを共有する設定
[homes]
  browseable = no
  writeable = yes
```

COLUMN SELinuxを有効にしている際の注意点

CentOSでSELinuxを有効にしている場合、デフォルトではSELinuxの設定でホームディレクトリの共有が無効化されているため、**リスト2-4-1**の設定に加え、次のようにしてホームディレクトリの共有を有効にしてください。

[注26] 何らかの事情でユーザのホームディレクトリを作成できない場合は、**3章 リスト3-1-2**の設定を行い、share1共有が参照できることを確認してください。

```
# setsebool -P samba_enable_home_dirs on
```

Sambaユーザの作成

ついで、**2-3節**で説明した手順にしたがって、UNIXユーザおよび対応するSambaユーザを作成します。動作を確認する意味では、Windowsクライアントにログオンしているユーザとは異なるユーザ名とパスワードのユーザを作成した方がわかりやすいでしょう。CentOSおよびUbuntu Serverでの実行例を次に示します。-mオプションを付加することで、UNIXユーザ作成時にホームディレクトリも作成されます。

```
# useradd -m monyo
# pdbedit -a monyo
new password:     ←作成するSambaユーザのパスワードを入力
retype new password: ←作成するSambaユーザのパスワードを再度入力
Unix username:       monyo
NT username:
Account Flags:       [U          ]
（以下略）
```

FreeBSDの場合は、useradd -m コマンドの代わりに、次のようにしてユーザを作成してください。

```
# pw user add monyo -m
```

Sambaの動作中にSambaユーザの作成や削除やパスワード変更を行ってもかまいません。操作はただちに反映されます。

Windowsマシンからのアクセス

一通り smb.conf ファイルおよびSambaユーザの作成を行ったら、さっそくWindowsクライアントからアクセスしてみましょう。

あらかじめ、**1-2節**で説明した手順にしたがってSambaを起動（すでに起動していた場合は再起動）しておいてください。また 確認のため、ホームディレクトリ直下に何かファイルを作成しておくとよいでしょう。

SambaはWindowsのネットワーク機能をほぼすべてサポートしているので、Windowsクライアントがサポートするさまざまな方法でのアクセスができます。あまり馴染みがないという方は、次のいずれかの方法でアクセスしてみてください。

・「ネットワーク」フォルダ経由のアクセス

Windowsのスタートメニューから「ネットワーク」を選択すると、**図2-4-1**のように

ファイルサーバとして機能しているコンピュータのアイコンが表示されます。

図2-4-1 「ネットワーク」フォルダ

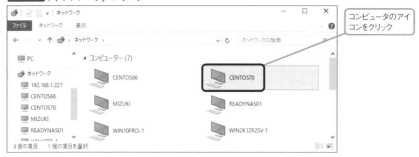

Sambaサーバのアイコンが表示されている場合は、そのアイコンをクリックしてください。ただし、適切な設定を行っていても、ネットワーク環境によってはアイコンが表示されない場合もあります。その際はもう一つの方法を使ってください。

・コンピュータ名（IPアドレス）を指定してのアクセス

Windowsのスタートメニューの下部にある「プログラムとファイルの検索」欄、もしくは「ファイル名を指定して実行」メニューがある場合はクリックすると表示されるウインドウで「¥¥コンピュータ名」もしくは「¥¥IPアドレス」と入力します。メニューからうまくたどれない場合は、Win + R キーを押すと図2-4-2のように「ファイル名を指定して実行」ウインドウが表示されますので、ここから入力してください。

図2-4-2 「ファイル名を指定して実行」ウインドウ

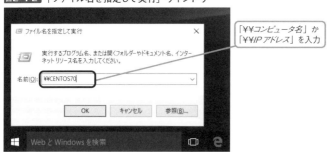

いずれの場合も、通常は図2-4-3のようにユーザ名とパスワードを確認する認証ダイアログが表示されますので[注27]、先ほど作成したSambaユーザのユーザ名とパスワードを

注27　ユーザ名とパスワードがWindowsクライアントにログオンしているユーザと一致している場合、図2-4-3のダイアログボックスは表示されず、そのまま図2-4-4の共有一覧画面が現れます。

入力してください。

図2-4-3 認証ダイアログ

認証に成功すると共有一覧が表示されます。ここでは図2-4-4のようにユーザ名（図2-4-4ではmonyo）のフォルダのみが表示されるはずです。

図2-4-4 共有一覧の表示

フォルダのアイコンをクリックすると、SambaサーバであるUNIX上のファイルやディレクトリ（フォルダ）を参照できます。Windowsの設定を変更して隠しファイルも表示する設定にしておくことで、図2-4-5のように.bashrcなどの設定ファイルも確認できます。

図2-4-5 ホームディレクトリ内のファイルの表示

※エクスプローラの表示設定により、表示形態は異なります。

詳細は**3章**で説明しますが、「writeable = yes」を設定しているため、ホームディレクトリ内に自由にファイルを書き込むことができます[注28]。日本語の設定も行っているため、日本語のファイル名も問題なく扱えます。

日本語ファイル名とロケール設定

Sambaの文字コードの設定とUNIXのロケール設定が合致している場合は、**図2-4-6**のようにUNIX上でも正しく日本語ファイル名が表示されます。

図2-4-6 UNIX上でのファイル名の表示（適切）

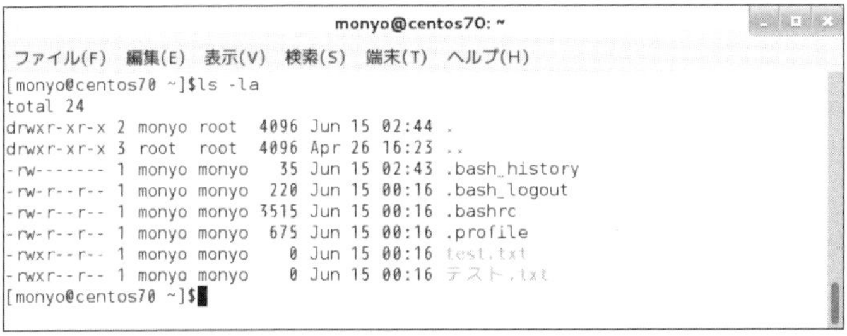
monyo@centos70: ~
ファイル(F) 編集(E) 表示(V) 検索(S) 端末(T) ヘルプ(H)
[monyo@centos70 ~]$ls -la
total 24
drwxr-xr-x 2 monyo root 4096 Jun 15 02:44 .
drwxr-xr-x 3 root root 4096 Apr 26 16:23 ..
-rw------- 1 monyo monyo 35 Jun 15 02:43 .bash_history
-rw-r--r-- 1 monyo monyo 220 Jun 15 00:16 .bash_logout
-rw-r--r-- 1 monyo monyo 3515 Jun 15 00:16 .bashrc
-rw-r--r-- 1 monyo monyo 675 Jun 15 00:16 .profile
-rwxr--r-- 1 monyo monyo 0 Jun 15 00:16 test.txt
-rwxr--r-- 1 monyo monyo 0 Jun 15 00:16 テスト.txt
[monyo@centos70 ~]$

合致していない場合、UNIX上で日本語ファイル名を参照すると**図2-4-7**のように文字化けします。

図2-4-7 UNIX上でのファイル名の表示（文字化け）

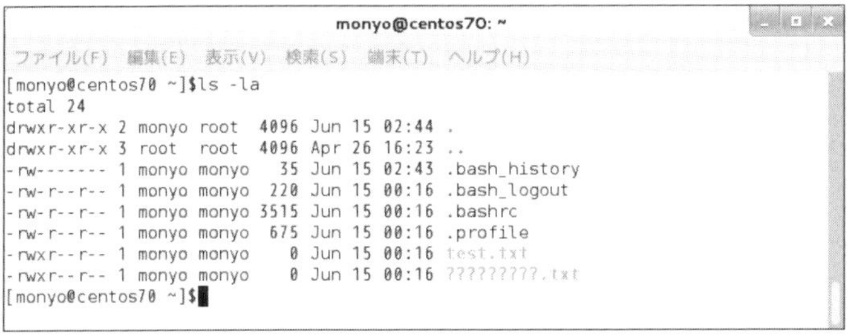
monyo@centos70: ~
ファイル(F) 編集(E) 表示(V) 検索(S) 端末(T) ヘルプ(H)
[monyo@centos70 ~]$ls -la
total 24
drwxr-xr-x 2 monyo root 4096 Jun 15 02:44 .
drwxr-xr-x 3 root root 4096 Apr 26 16:23 ..
-rw------- 1 monyo monyo 35 Jun 15 02:43 .bash_history
-rw-r--r-- 1 monyo monyo 220 Jun 15 00:16 .bash_logout
-rw-r--r-- 1 monyo monyo 3515 Jun 15 00:16 .bashrc
-rw-r--r-- 1 monyo monyo 675 Jun 15 00:16 .profile
-rwxr--r-- 1 monyo monyo 0 Jun 15 00:16 test.txt
-rwxr--r-- 1 monyo monyo 0 Jun 15 00:16 ?????????.txt
[monyo@centos70 ~]$

※ロケールがEUC-JPの環境でUTF-8のファイル名を表示したところ

Sambaの文字コードの設定もしくはUNIXのロケール設定を変えて設定を合致させることが望ましいのですが、諸事情により文字コードを合致させることができない場合は、UNIX上でファイル名が適切に表示されないという点を理解した上で、そのまま運用してもSambaの機能上は問題ありません。

注28 UNIX上でのパーミッションの設定によっては書き込めない場合もあります。

COLUMN　ロケール機構

ロケールとは、UNIX系のプラットフォームで、表示言語や日付・通貨などの表示形式を動的に切り替えるための機構です。

LinuxやFreeBSDの場合、日本語用、英語用として表2-4-1のようなロケールが存在しています。

表2-4-1 日本語用の主なロケール

ロケール名	意味
ja_JP.UTF-8	日本語を指定。文字コードはUTF-8
ja_JP.eucJP	日本語を指定。文字コードはEUC-JP
ja_JP.SJIS	日本語を指定。文字コードはシフトJIS
en_US.UTF-8	英語を指定。文字コードはUTF-8
C	特殊なロケールで、ロケール設定を行わないことを意味する

ロケールの切り替えは、図2-4-8のようにLANGという環境変数の値を設定することで行います。

図2-4-8 ロケールの切り替え

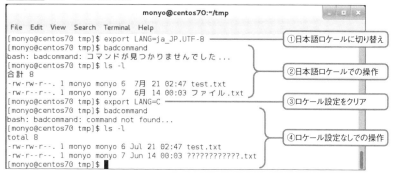

ここでは、①LANG環境変数をja_JP.UTF-8に設定し、日本語ロケールにしたうえで、②存在しないコマンドを実行しようとしたときのエラーメッセージが日本語となり、ls -lコマンドで日本語ファイル名が適切に表示されることを確認したうえで、③LANG環境変数をCに設定しロケール設定をクリアしたうえで、④存在しないコマンドを実行しようとしたときのエラーメッセージが英語となり、日本語ファイル名が適切に表示されないことを確認しています。

ここまでの設定を行うことで、日本語の設定を適切に行ったうえで、各ユーザのホームディレクトリを読み書き可能な形で、ファイル共有できます。

本格的なファイルサーバというにはまだ機能不足な面もありますが、Sambaを導入した目的がUNIXサーバとWindowsクライアントとの間の個人的なファイル共有や一

時的なファイル交換であれば、十分目的は達せられると思います。

　次節では高度な認証回りの機能について紹介します。**3章**以降では本格的なファイルサーバとしての設定についていくつかの用途を具体的に想定したうえで、設定を行っていきます。

2-5 Sambaの応用設定：認証編

本章の最後に、SambaユーザとUNIXユーザのパスワードを同期させる設定をはじめ、認証に関する応用設定をいくつか紹介します。

UNIXユーザのパスワードをSambaユーザのパスワードを同期する

2-3節冒頭の図2-3-1で説明したように、SambaユーザとUNIXユーザの認証情報は別個に保持されます。ただし、適切な設定を行うことで一般ユーザによるパスワード変更を同期して行い、実質的なパスワード管理の一元化を実現することは可能です。

◉ パスワードの同期（CentOS、Ubuntu Server）

CentOSやUbuntu ServerにおいてSambaユーザのパスワードをUNIXユーザに同期させる設定を次に示します。

```
unix password sync = yes
pam password change = yes
```

「unix password sync = yes」を設定することで、Sambaユーザの認証情報の変更に同期してUNIXユーザのパスワードも変更されます。具体的には一般ユーザがSambaユーザのパスワード変更に成功した時点で、PAMによりUNIXユーザのパスワード変更が行われます。

上記設定を行った状態でtestparmコマンドを実行すると、Sambaのバージョンによっては次のようなエラーが表示されます。

```
ERROR: the 'passwd program' () requires a '%u' parameter.
```

passwd programパラメータはUNIXユーザのパスワード変更をPAMではなくパスワード変更コマンドを呼び出して行う場合に必要なパラメータですので、本来は設定不要です。したがって上記はtestparmコマンドの不具合なのですが、ERRORメッセージが面倒な場合は、とりあえず次の設定を行っておいてください。

```
passwd program = /usr/bin/passwd %u
```

◉ パスワードの同期（FreeBSD）

FreeBSDにおいて同様の動作を行う設定を次に示します[注29]。

注29　CentOSやUbuntu Serverについても、こちらの設定でパスワード同期を行うこともできます。ただし、passwd chatパラメータの値はCentOS、Ubuntu Server各々で適切に設定する必要があります。

```
unix password sync = yes
passwd program = /usr/bin/passwd %u
passwd chat = *New*Password* %n\n *New*Password* %n\n *
```

　FreeBSDではUNIXユーザのパスワード変更を行う際にPAMを用いる代わりに/usr/bin/passwdコマンドを呼び出して行います。実際に呼び出すコマンドはpasswd programパラメータで指定しています。passwd chatパラメータはSambaがpasswdコマンドとの間で送受信する情報を記述します。passwd chatパラメータの設定については非常に難しいため、ここでは説明を省きます。

　上記の設定を行った状態で一般ユーザがsmbpasswd コマンドを用いてパスワード変更を行うと、UNIXユーザのパスワードも同期して変更されます。とくにメッセージなどは表示されません。

SambaユーザのパスワードをUNIXユーザのパスワードを同期する

　pam_smbpass.soというPAMモジュールを利用することで、上記とは逆にユーザがpasswdコマンドなどを使ってUNIXユーザのパスワードを変更した際に対応するSambaユーザのパスワードを併せて変更できます。以下、本モジュールの設定について説明します。

> **Note**
> 　本モジュールはSambaの一部として配布されていますが、開発者不在のまま10年以上も放置されていたこともあって、現在Sambaから除外する方向で議論が進んでいます。

◉ CentOS

　CentOS 7では、/etc/pam.d/system-authファイルを**リスト2-5-1**のように直接編集します[注30]。4章で説明するauthconfigコマンドは対応していません。

リスト2-5-1 pam_smbpassモジュールの有効化

```
password    requisite    pam_cracklib.so try_first_pass retry=3
password    optional     pam_smbpass.so try_first_pass      ←この行を追加
password    sufficient   pam_unix.so md5 shadow nullok try_first_pass use_authtok
password    required     pam_deny.so
```

　ここで次の実行例のように、普通にパスワードを変更することで、Sambaユーザのパスワードも変更されます。

```
$ passwd
Changing password for user user1.
```

[注30] authconfigコマンドを実行するたびに、上記設定が削除されてしまいますので注意してください。

```
Changing password for user1
Current SMB password: ← 現在のパスワードを入力
New password:         ← 新しいパスワードを入力
Retype new password:  ← 新しいパスワードを再度入力
passwd: all authentication tokens updated successfully.
```

なお本モジュールはrootによる強制的なパスワード設定の際にも有効に機能します。

● Ubuntu Server

Ubuntu Serverでは、libpam-smbpassパッケージをインストールすることで、/etc/pam.d/common-passwordファイルに**リスト2-5-1**と類似の設定が自動的に行われます。

ここでCentOSと同様、普通にパスワードを変更することで、Sambaユーザのパスワードも変更されます。

● FreeBSD

残念ながらFreeBSDの各種sambaのデフォルトでは、pam_smbpassモジュールが無効になっています。有効にしたい場合はPortsからインストールを行い、**図2-5-1**の画面でPAM_SMBPASSを有効にしてインストールを行う必要があります。

図2-5-1 Portsインストール時のオプション選択画面

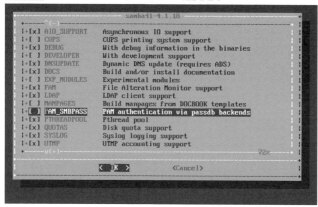

これにより、/usr/local/lib/pam_smbpass.soというファイルがインストールされます。さらに/etc/pam.d/passwdに次のような設定を追加することで、パスワードの同期が有効になります。

```
password    required    pam_unix.so      no_warn try_first_pass nullok
password    optional    pam_smbpass.so   try_first_pass  ←この行を追加
```

WindowsユーザとSambaユーザのマッピングを制御する

2-3節冒頭の**図2-3-1**で説明したように、WindowsクライアントからSambaサーバにアクセスする際には、Windowsクライアントから送信されたWindowsユーザの認証情報が、同じ名前のSambaユーザの認証情報と比較されることで認証が実施されます。

ただし、何らかの理由によりWindowsクライアントから送信されたWindowsユーザに対応するSambaユーザを別の名前にせざるを得ない場合もあります。

典型的な例としては、Windowsユーザがスペースの入ったユーザ名を利用している場合や8バイトより長いユーザ名を用いている場合などが挙げられます。またWindowsユーザのユーザ名に日本語など英数字以外を用いている場合も該当します。

こうした場合には、username mapパラメータを用いることでWindowsユーザのユーザ名と異なる名前のSambaユーザを対応付けることが可能です。

このパラメータには、Windowsユーザのユーザ名とSambaユーザのユーザ名との対応づけを記述するファイルのフルパスを設定します。このパラメータの設定例を次に示します[注31]。

```
username map = /etc/samba/smbusers
```

ここで指定したファイルを、便宜上「Username Mapファイル」と呼称します。Username Mapファイルには、**リスト2-5-2**のように「=」の左側にSambaユーザ名のユーザ名を、右側には対応するWindowsユーザのユーザ名を列挙します。smb.confファイルと同様「#」や「;」から始まる行は、コメント行として無視されます。

リスト2-5-2 Username Mapファイルの設定例

```
# Unix_name = SMB_name1 SMB_name2 ...
smbuser = domsmbuser1
monyo   = "Takahashi Motonobu" "高橋基信"
```

複数のWindowsユーザを単一のSambaユーザに対応付けることもできます。その場合は、**リスト2-5-2**の3行目のように、対応付けるWindowsユーザをスペースで区切って複数設定してください。ユーザ名がスペースを含むときは、**リスト2-5-2**の3行目のように「"」で囲ってください。大文字、小文字の区別は無視されますので、たとえば「"Takahashi Motonobu"」を「"takahashi motonobu"」と記述しても同じ結果になります。

> **Note**
>
> Username Mapファイル中に日本語などを記述する場合は、unix charsetパラメータで指定した文字コードで記述する必要があります。

注31 CentOSではデフォルトで/etc/samba/smbusersというファイルが用いられます。

この設定により、たとえばWindowsユーザのユーザ名が「takahashi motonobu」や「高橋基信」の場合、monyoというSambaユーザへの対応付けが行われます。

> **Note**
>
> Sambaでは、username map scriptパラメータを用いることで、Windowsユーザのユーザ名と異なる名前のSambaユーザを動的に対応付けることができます。ただし、対応付けのスクリプトを自作する必要があり難易度が高いため、本書では説明を割愛します。

COLUMN　Sambaユーザに複雑なパスワードを強制する

　Sambaには、パスワード変更時にユーザから入力されたパスワードをチェックするスクリプトを指定するための、check password scriptというパラメータと、このパラメータの値に指定することを想定した、crackcheckというプログラムが同梱されています。このプログラムは、Sambaのソースアーカイブのexamples/auth/crackcheckにソースファイルの形で存在しています。そのため、使用するにはcracklibライブラリがインストールされていることを確認の上[注32]、手作業でコンパイル、インストールする必要があります。コンパイルの手順を次に示します。

```
# tar xzf samba-3.4.0.tar.gz   ← ソースアーカイブの展開
# cd samba-3.4.0/example/auth/crackcheck
# make
gcc  -O2  -c -o crackcheck.o crackcheck.c
crackcheck.c: In functionn':
crackcheck.c:132: warning: assignment discards qualifiers from pointer target type
gcc  -O2 -lcrack -o crackcheck crackcheck.o
```

　正常にコンパイルが完了するとexamples/auth/crackcheckにcrackcheckというバイナリが生成されます。これを/usr/local/sbinなどの適切なディレクトリにコピーすることでインストールが完了します。smb.confファイルで、

```
check password script = /usr/local/sbin/crackcheck -s
```

のように設定することで、「Windows相当のチェック」が有効となり、パスワードには、大文字、小文字、数字、記号のうち3種類以上が含まれていることが必須となります[注33]。

[注32]　CentOSではcracklibパッケージ、Debianではcracklib2-devパッケージをインストールします。FreeBSDではcracklibの開発環境を別途インストールする必要があります。
[注33]　このほか、cracklibの辞書ファイルによるチェックもできますが、詳細は割愛します。

どのようなパスワードが禁止されるかは、あらかじめ次のようにして確認しておくとよいでしょう。

```
$ echo Damedame | ./crackcheck -s; echo $?
ERR Complexity check failed
252
$ echo Damedame1 | ./crackcheck -s; echo $?
0
```

ここでは大文字、小文字のみ含む「Damedame」というパスワードがチェックに失敗して、252という戻り値が返却され、大文字、小文字、数字を含む「Damedame1」というパスワードはチェックに成功していることが確認できます。

第3章

究極のファイルサーバを作ろう！

Sambaの応用設定（1）： ファイルサーバ編

　前章まででSambaの基本的な設定を一通り行いました。
　本章では、Sambaの本来の機能であるファイルサーバとしての機能について、基本的な機能から、応用機能まで、具体的なケーススタディを交えて説明します。

3-1

実用的なファイル共有の基本

まず、何はともあれ実用的なファイル共有を作成してみましょう。

ここでは**2章**の**リスト2-4-2**で作成したhomesセクションによるホームディレクトリのファイル共有に加え、新たにsharedという複数ユーザ間でファイルを共有するためのファイル共有を作成します。最終的に**リスト3-1-1**のようなsmb.confの作成を目的として、ファイル共有で設定すべきSambaの基本的なパラメータについて説明します。

リスト3-1-1 smb.confファイルの設定例

```
# Samba全体の設定
[global]
  ; 文字コード関連の設定
  dos charset = CP932
  (unix charset = UTF-8)

  ; Microsoftネットワーク関連の設定
  workgroup = WORKGROUP
  netbios name = FILESV

  ; Sambaが待ち受けるインターフェースを制限する設定
  interfaces = 192.168.135.28
  bind interfaces only = yes
  socket address = 192.168.135.255

  ; エラーメッセージの抑止設定
  printcap name = /dev/null

  ; ログ出力の設定
  log level = 1

# ホームディレクトリをファイル共有する設定
[homes]
  browseable = no
  writeable = yes
  valid users = %S

# 複数ユーザ用のファイル共有の設定
[shared]
  path = /var/lib/samba/shares/shared
  valid users = @project1 @users
  (read only  = yes)
  write list = @project1
  force group = project1
  force create mode = 664
```

```
    force directory mode = 775
```

ファイル共有の基本

単にSambaでファイル共有を作成するだけであれば非常に簡単です。ファイル共有の基本設定を**リスト3-1-2**に示します。

リスト3-1-2 ファイル共有の基本設定

```
[share1]
    path = /var/lib/samba/shares/share1注1
    writeable = yes
```

リスト2-4-2で紹介したsmb.confの末尾に**リスト3-1-2**の設定を追加の上、動作確認用に、次のようにしてpathパラメータで指定したパスとダミーのファイルを作成してください。

```
# mkdir -p   /var/lib/samba/shares/share1
# chmod 1777  /var/lib/samba/shares/share1  ←誰でも書き込み可能とする設定
# echo test > /var/lib/samba/shares/share1/test.txt
```

Sambaを再起動してから、**2-4節**のようにしてWindowsクライアントからアクセスすると、**図2-4-4**に相当する画面で、**図3-1-1**のようにホームディレクトリのファイル共有に加えてshare1というファイル共有が表示され、さらにshare1ファイル共有のアイコンをクリックして共有内を参照すると、先ほど作成したtest.txtファイルが表示されており、test.txtファイル内容の参照やファイルの新規作成ができるはずです。

注1 FreeBSDでは、/var/lib/sambaというディレクトリに相当するのが/var/db/samba4になりますので、本章でのパスについては適宜読み替えてください。

図3-1-1 share1共有の表示

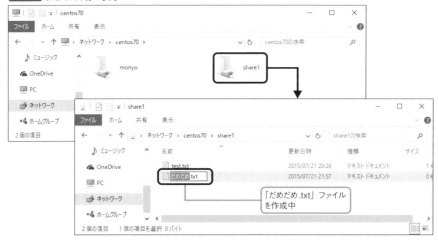

COLUMN　SELinuxを有効にしている際の注意点

CentOSでSELinuxを有効にしている環境でファイル共有を作成する際は、次のようにpathパラメータで指定するパスに対してsamba_share_tというラベルを付与する必要があります。

```
# chcon -t samba_share_t /var/lib/samba/shares/share1
```

これにより、共有内に新規に作成されるファイルには同様のラベルが付与され、Samba経由でのアクセスが可能となります。ただし、Linuxサーバ上で共有外のパスから（コピーではなく）移動されたファイルにはラベルが付与されないため、個別にラベルの再付与を行うなど、別途ラベルを付与する必要がある点に留意してください。SELinuxによってアクセスを拒否されたファイルは、Windowsクライアントからフォルダ内のファイルを一覧した際にも表示されませんので注意してください。

なお、本書で例として挙げている/var/lib/samba配下については、samba_var_tというラベルが既存で付与されているため、結果としてラベルの変更なしでアクセスできますが、まったく新規のパスにファイル共有を作成する場合は注意してください。

● 基本的な共有のパラメータ

リスト3-1-2では、

［share1］

という行によりshare1セクションが宣言されています。これは2-1節で説明した特殊セクションではないためファイル共有を意味します。このセクション内にpathとwriteableという2つのパラメータが設定されています。

次のように日本語のセクション名を記述することで、日本語共有名のファイル共有を作成することもできます。

［共有1］

日本語の共有名を使用する場合は、2-2節で説明した文字コード関連の設定が適切に行われている必要があります。なお、文字コードをシフトJISにしている場合は、SambaがシフトJISの文字列に含まれる改行コード（0x5c）を改行として認識してしまうという制限事項があるため、日本語の共有名は避けてください。

pathパラメータは、文字どおりSambaによってファイル共有されるUNIXサーバ上のディレクトリを示します。

セキュリティ上Sambaのファイル共有はデフォルトで読み取り専用となります。書き込みを許可するためには次の設定を行う必要があります。

```
writeable = yes
```

Note

「writeable = yes」を設定する代わりに「read only = no」を設定することもできます。2-1節で紹介したように、read onlyパラメータはwriteableパラメータの反意シノニム（別名）です。

もっとも、自分1人で使用する場合ならともかく、複数のユーザが互いの作成したファイルを書き込み可能な形でファイル共有する場合は、この設定では不十分です。たとえば先ほどとは別のユーザとしてshare1共有にアクセスして、先ほど作成した「だめだめ.txt」というファイルを編集しようとしても失敗します。

これは、次のように「だめだめ.txt」のUNIX上のパーミッションが744（所有者以外は読み取り専用）となっており、ほかのユーザからの書き込みが拒否されるためです。

```
$ ls -l /var/lib/samba/shares/share1
total 4
-rw-r--r--. 1 root  root  5 Jul 21 07:26 test.txt
-rwxr--r--. 1 monyo monyo 0 Jul 21 08:57 だめだめ.txt
```

※だめだめ.txtのパーミッションが「rwxr--r-- (744)」になっている。

このように、Sambaで作成したファイル共有を運用する上では、UNIX上でのパーミッションについても考慮する必要があるのが難しい点です。この課題をクリアする方法については後で説明することにして、いったん図3-1-1で示した共有一覧における表示を制御する設定を紹介します。

共有一覧における表示制御

共有一覧における表示制御を確認する意味で、さらに次のような設定をsmb.confの末尾に設定してみましょう。

```
[share1-2]
  path = /var/lib/samba/shares/share1
  comment = %S on %L

[share1-3]
  path = /var/lib/samba/shares/share1
  browseable = no

[share1-4$]
  path = /var/lib/samba/shares/share1
```

共有一覧画面で表示を「詳細」に変更すると、図3-1-2のように表示されるはずです。以下各共有の設定について説明します。

図3-1-2 共有一覧の表示

※share1-3とshare1-4$は隠し共有となっているため一覧に表示されません。

●「コメント」欄の設定

図3-1-2では表示を「詳細」に設定しているため、「コメント」列に各ファイル共有のコメントが表示されています。

Sambaでは、commentパラメータにより「コメント」列に表示される内容を任意に設定できます。このパラメータの値としては、次のように2-1節で説明したSamba変数を使用することもできます。

```
comment = %S on %L
```

●隠し共有の作成

何らかの理由で図3-1-2の共有一覧に表示されないファイル共有を作りたいという場合もあると思います。Windowsでは、ファイル共有名の最後に「$」をつけることで、ファイル共有一覧に表示されない隠し共有を作成できます。Sambaでも同様にして「$」で終わるセクションを作成することで、隠し共有を作成できます。

また、Sambaの場合は次のように設定することで、任意の名前のファイル共有を隠し共有とできます。

```
browseable = no
```

 この設定はあくまで共有一覧での表示を制御する機能です。ファイル共有の存在を知っているユーザが直接「¥¥サーバ名¥共有名」というUNC形式でアクセスすれば、ファイル共有にアクセスできます。逆に適切なアクセス制御を行えば、共有一覧に表示されていてもアクセスを拒否できます。

COLUMN アクセスしてきたユーザによって共有一覧での表示、非表示を切替える

Sambaでは、includeパラメータとSamba変数を活用することで、特定のユーザやグループに対してのみ表示されるファイル共有を提供できます。以下、share2というファイル共有をgroup1というグループに所属するユーザに対してのみ表示させる設定例を示します。

まずはsmb.confファイルに次のような設定を追加してください。

```
[share2]
    path = /var/lib/samba/shares/share2
    browseable = no
    include = /etc/samba/smb.conf-share2.%G
```

引き続き、次のような内容 (1行のみ) のファイルをsmb.confファイルと同じディレクトリに作成します。ここではsmb.conf-share2.group1というファイル名で作成してください。

```
    browseable = yes
```

%Gはファイル共有にアクセスしようとするユーザのプライマリグループを意味するSamba変数です。ユーザのプライマリグループがgroup1のときのみ、ファイル名がsmb.conf-share2.group1となりますので、includeパラメータにより、ファイルの内容がincludeパラメータ行の位置に読み込まれます。

これにより、先ほどのsmb.confファイルは次のような内容となります。

```
[share2]
    path = /var/lib/samba/shares/share2
    browseable = no
    browseable = yes
```

同じパラメータが複数回設定された場合は最後に設定された行の値が有効となるため、「browseable = yes」の設定が有効となります。

includeパラメータで指定されたファイルが存在しなかった場合、その行は単に無視されますので、プライマリグループがgroup1以外のユーザがアクセスした際は、「browseable = no」の設定が有効となり、共有は非表示となります。

browseableパラメータの代わりにavailableパラメータを用いることで、特定のグループのみが利用可能 (アクセス可能) なファイル共有を作成することもできます。

複数ユーザ用のファイル共有

複数のユーザが互いの作成したファイルに書き込み可能なファイル共有（以下本章では「複数ユーザ用のファイル共有」と表記します）のテンプレートとして、筆者がよく提示している実用的な設定を**リスト3-1-3**に示します。この設定を行うことで、project1グループに所属しているユーザは互いが作成、書き込みを行ったファイルをさらに編集することができます。さらに細かいアクセス制御や互換性設定が必要な場合もありますが、この程度の設定で十分な場合も多いと思います。

以下、このsmb.confを例に、複数ユーザ用のファイル共有の設定を説明します。

リスト3-1-3 複数ユーザ用のファイル共有

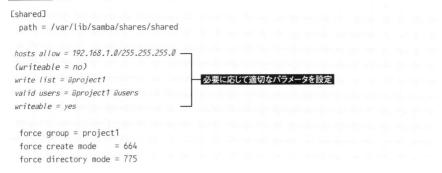

■ファイル共有内に作成するファイルやディレクトリのパーミッションを制御する

share1共有を例に説明したように、複数ユーザ用のファイル共有を設定しようとしたときに問題となるのはUNIX上のファイルのパーミッションや所有グループの設定です。

UNIX側でいろいろ設定して対応する方法もありますが、ここではSambaの機能によりファイルのパーミッションを強制的に設定する方法を説明します。具体的には、複数ユーザ用のファイル共有内において、

- ① ファイル（ディレクトリ）へのアクセス、作成、編集時に適用される所有グループが常に一定となる
- ② 作成、編集したファイル（ディレクトリ）に対して常に所有グループの書き込み権が設される。

という設定を行います。

①の設定を行うためには、文字どおりのforce groupというパラメータが用意されています。このパラメータによりファイル共有内のファイルやディレクトリへのアクセス、作成、編集時に強制的に適用される所有グループを指定できます。

②の設定を行うためには、force create modeとforce directory modeパラメータを使用します。両パラメータにより、ファイル共有内に新規に作成するファイルやディレクトリに特定のパーミッションを強制的に設定することができます。

リスト3-1-3の設定を行った場合、所有グループは必ずproject1になり、ディレクトリ内に新規に作成されるファイルのパーミッションには"664"、ディレクトリには"775"が必ず設定されるので、所有グループには必ず書き込み権が与えられます。

● 初期設定と動作確認

この設定を実際に動作させるにあたっては、smb.confの設定以外にproject1グループの作成と/var/lib/samba/shares/sharedディレクトリの作成が必要です。最初にproject1グループを作成します。

```
# groupadd project1
```

> **Note**
> グループの作成は、各プラットフォームのコマンドを使ってください。FreeBSDの場合は、
>
> ```
> # pw group add project1
> ```
>
> のようにして作成することができます。もちろんほかの方法で作成してもかまいません。

ついで/var/lib/samba/shares/sharedディレクトリを作成します[注2]。

```
# mkdir -p /var/lib/samba/shares/shared
# chgrp project1 /var/lib/samba/shares/shared
# chmod g+w /var/lib/samba/shares/shared
# ls -l /var/lib/samba/shares
...
drwxrwxr-x. 2 root project1  6 Jul 21 09:33 shared
...
```

所有グループを作成したばかりのproject1グループに設定したうえで、所有グループに書き込み権を与えます。最後に**2章リスト2-4-2**のsmb.confに**リスト3-1-4**の設定を追記してSambaを再起動します。

リスト3-1-4 最低限の複数ユーザ用のファイル共有の設定

```
[shared]
  path = /var/lib/samba/shares/shared
  writeable = yes
```

注2　CentOSでSELinuxを有効にしている場合は、ディレクトリにsamba_share_tラベルを付与してください。

```
force group = project1
force create mode = 664
force directory mode = 775
```

　ここで動作確認のため、user1とuser2というSambaユーザを作成しましょう。始めにuser1としてSambaサーバにアクセスし、shared共有内に何かファイルを書き込みます。ここではuser1というフォルダを作成し、その中にuser1.txtというテキストファイルを作成しました。

 環境によってはファイルを作成した後F5を押さないと表示が更新されないことがあります。

　ついでuser2としてSambaサーバにアクセスし、shared共有にアクセスします。先ほど作成したuser1.txtの編集が可能なことを確認してください。さらにuser1フォルダ内にuser2というフォルダを作成したうえでその中にuser2.txtというファイルを作成したうえで、このファイルがuser1が編集可能なことも確認してみてください。

　ここまでの操作の結果作成されたファイルをUNIXサーバ上から確認すると、次のようになっているはずです。

```
$ ls -lR /var/lib/samba/shares/shared/
/var/lib/samba/shares/shared/:
total 0
drwxrwxr-x. 3 user1 project1 34 Jul 21 09:39 user1

/var/lib/samba/shares/shared/user1:
total 4
-rwxrw-r--. 1 user1 project1 32 Jul 21 09:38 user1.txt
drwxrwxr-x. 2 user2 project1 22 Jul 21 09:39 user2

/var/lib/samba/shares/shared/user1/user2:
total 4
-rwxrw-r--. 1 user2 project1 34 Jul 21 09:39 user2.txt
```

　先ほど設定したように、すべてのファイル、ディレクトリの所有グループがproject1になっており、書き込み権が設定されていることが確認できます。

共有単位のアクセス制御

　ここまでの設定で複数ユーザ用の共有として最低限の設定が完了です。十数名程度の中でのファイル共有であれば**リスト3-1-4**の設定だけでも十分実用になるでしょう。

　しかし、この設定は便利な半面、Sambaサーバにアクセス可能なユーザであれば誰でもファイルの読み書きが可能になってしまいます。もう少しアクセス可能な範囲を制限したいという要望もあるのではないでしょうか。以下、ファイル共有へのアクセスを制御するパラメータのうち、比較的簡易に設定できるものについて説明します。

● 一部のIPアドレスからのアクセスのみを許可する

Sambaでは、hosts allowパラメータおよびhosts denyパラメータを設定することで、アクセス元を特定のIPアドレスに限定することができます。

パラメータ値の指定方法はいくつかありますが、両パラメータとも基本的に、

- ネットワークアドレス (x.x.x.x) /サブネットマスク (x.x.x.x)
- x.x.x.x (特定ホストを指定する場合)

という2つの形式を覚えておけば十分でしょう。

192.168.1.0/24の範囲のIPアドレスと、192.168.10.1からのアクセスのみを許可する設定例を示します。

```
hosts allow = 192.168.1.0/255.255.255.0 192.168.10.1
```

hosts allowパラメータでは、このように複数の条件を列挙して設定できます。

また、EXCEPTというキーワードを設定することで、192.168.1.0/24の範囲のIPアドレスからのアクセスを原則許可しますが、192.168.1.1からのアクセスは例外として拒否するといった要件を実現できます。以下、設定例を示します。

```
hosts allow = 192.168.1.0/255.255.255.0 EXCEPT 192.168.1.1
```

hosts denyパラメータも文法は同一です。hosts allowとhosts denyの両方のパラメータで指定されたIPアドレスはアクセスを拒否されます。アクセスを拒否された場合は、Sambaのログファイル（log.smbd）に次のようなログが記録されます。

```
[2015/08/05 05:00:42.441687,  0] ../source3/lib/access.c:338(allow_access)
  Denied connection from 192.168.135.1 (192.168.135.1)
```

hosts allowパラメータやhosts denyパラメータはglobalセクションで設定することもできます。その場合はSambaサーバ自体に対するアクセスの制御が行われます。

● ファイル共有にアクセス可能なグループを制御する

valid usersパラメータにより、共有にアクセス可能なユーザを制限することができます。

共有にアクセス可能なユーザをmonyo、project1グループのメンバ、usersグループのメンバに限定する設定を次に示します。

```
valid users = @project1 +users monyo
```

グループ名を指定するには、このように名前の前に「+」か「@」[注3]をつけます。

> **Note**
> 　共有一覧においては、共有にアクセスできないユーザに対しても、該当のファイル共有が表示されます。そもそも一覧に表示させたくない場合は、前述したコラム「アクセスしてきたユーザによって共有一覧での表示、非表示を切り替える」のような設定を行ってください。

　invalid usersパラメータによって、ファイル共有へのアクセスを拒否するユーザやグループを明示的に指定することもできます。invalid usersパラメータで指定されたユーザやグループは、たとえvalid usersパラメータで指定されていてもアクセスは拒否されます。

● 一部のユーザ、グループに対してのみ書き込みを許可する

　write listパラメータによって、一部のユーザやグループのみ書き込みを許可するファイル共有を作成することもできます。

　前述したように、デフォルト設定の場合、ファイル共有へのアクセスは読み取り専用となりますが、ここでwrite listパラメータに書き込みを許可したいユーザやグループを設定することで、write listパラメータで設定されたユーザ、グループは読み書き許可、それ以外のユーザやグループは読み取り専用という制御を行うことができます。ユーザやグループは、次のようにvalid usersパラメータと同じ文法で指定します。

```
(writeable = no)
write list = monyo @project1
```

　この設定を行った場合、ユーザmonyoとproject1グループは書き込み可能、そのほかのユーザとグループはデフォルトの「writeable = no」の設定により読み取り専用となります。

● 複雑なアクセス制御

　ここで、リスト3-1-3の共有の設定例のうち「設定に応じて適切なパラメータを設定」となっていた次のパラメータを確認しましょう。

```
(writeable = no)
write list = @project1
valid users = @project1 @users
```

注3　厳密には「+」は該当する名前のUNIXグループを参照、「@」は、まず該当する名前のNISネットグループを参照し、存在しない場合にUNIXグループを参照という動作を行います。NISネットグループを使用していない場合はどちらも同一の動作となりますので、通常の環境で意識する必要はありません。

上記の設定では、valid usersパラメータによりファイル共有へのアクセスがproject1グループとusersグループのメンバに制限されています。さらに「writeable = no」の設定とwrite listパラメータによりproject1グループのメンバのみ書き込みが可能となっています。これにより、次のようなアクセス制御が実現されています。

・project1グループのメンバ ：読み書き可能
・usersグループのメンバ ：読み取り専用
・その他 ：アクセス拒否

ホームディレクトリの一括共有

2-1節の表2-1-2やリスト2-4-2でも紹介したように、homesというセクションを設定することで各ユーザのホームディレクトリを一括で共有できます。この場合ユーザがSambaサーバにアクセスすると自分のホームディレクトリが自分のユーザ名の共有として、自動的に共有一覧に表示されます。

典型的なhomesセクションの設定例を**リスト3-1-5**に示します。以下この設定について説明します。

リスト3-1-5 homesセクションの設定例

```
[homes]
  browseable = no
  writeable = yes
  valid users = %S
```

homesセクションでは必ず「browseable = no」を設定してください[注4]。この設定を行っても、自分のホームディレクトリは共有一覧に表示されます。

homesセクションも通常の共有と同じくデフォルトは読み取り専用ですので、自分のホームディレクトリへの書き込みを許可するために、通常は「writeable = yes」を設定します。

valid usersパラメータの「%S」という値は**2-1節**の**表2-1-4**で紹介したSamba変数です。たとえばmonyoというユーザのホームディレクトリにアクセスする場合、共有名はmonyo（＝ユーザ名）となります。ここで%Sは共有名を意味する変数のため、結局この行は、

```
valid users = monyo
```

と同値になります。結果として、「valid users = %S」は自分以外のユーザから自分のホー

[注4] この設定を行わない場合、各ユーザ名の共有以外にhomesという名前で自分のホームディレクトリが共有されます。

ムディレクトリへのアクセスを禁止する設定になります。

　この設定を行わない場合、「¥¥サーバ名¥ユーザ名」と入力することで、Sambaの機能上は任意のユーザのホームディレクトリにアクセスできますので留意してください。ただし、ホームディレクトリのパーミッションが「700」になっているなど、ほかのユーザからアクセスできないようになっている環境では、結果としてパーミッションの設定によりアクセスが拒否されます。

　以上のパラメータがhomesセクションの基本構成となります。

> **Note**
>
> 　homesセクションに限り、pathパラメータを設定しない場合は、各ユーザのホームディレクトリが設定されたものとして動作します。これはほかの共有の動作とは異なります。

> **COLUMN　ホームディレクトリのパスの変更**
>
> 　homesセクションで明示的にpathパラメータを設定することで、ホームディレクトリとして共有されるパスをホームディレクトリ直下から変更できます。たとえば次のように設定することで、各ユーザのホームディレクトリ直下にある.smbdirディレクトリが、各ユーザがSamba経由でホームディレクトリにアクセスした際に実際にアクセスされる共有のパスとして機能します。
>
> ```
> path = %H/.smbdir
> ```
>
> 　%Hはユーザのホームディレクトリを示すSamba変数になります。
>
> 　この設定により、UNIX側でホームディレクトリに書き込まれる各種ファイルとWindowsからホームディレクトリに書き込まれるファイルとが分離されますので、一般のユーザにはファイル共有をSambaで提供していることを意識されたくない場合や、ホームディレクトリ直下にあるドットファイルをいじって設定を変えられたくないといった場合に有用です。
>
> 　なお、この設定を行う場合、.smbdirディレクトリについてはあらかじめ作成しておく必要があります。**4章**のドメイン環境では、**4-2節**で説明するroot preexecパラメータで指定するスクリプトで作成するようにしておけばよいでしょう。

3-2 一歩進んだファイル共有の設定

リスト3-1-3で示したファイル共有の設定が理解できれば、大半のケースで実用的な設定を行うことができると思います。

一方Sambaにはこれ以外にもWindowsで実装されているさまざまな機能やSamba独自の拡張機能が実装されています。以下それらの機能の中から知っておくと便利なものを選んで説明していきます。

ゲスト認証によるファイル共有へのアクセス

Windowsには、図3-2-1のようにGuestという特殊なユーザが必ず存在しています。Guestユーザを有効にすると、該当のサーバ上に存在しないユーザとしてアクセスした際に、自動的にGuestユーザとして認証されるようになります。これを便宜上ゲスト認証と呼びます。

図3-2-1「コンピュータ」の管理によるユーザの一覧表示

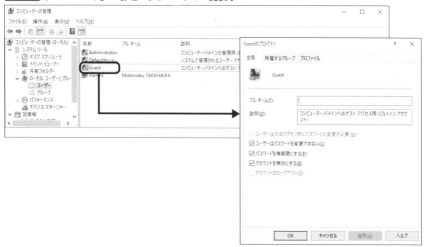

※Guestというユーザが存在しており、アカウントが無効になっていることが確認できます。

セキュリティ上は無効にすることが推奨されますし、デフォルトでも当然無効になっている機能ですが、個人の環境などで利便性を重視したい際や、なんらかの理由で匿名でのアクセスが必要な際には重宝することもあるでしょう。

● ゲスト認証の有効化とmap to guestパラメータ

Sambaでも、globalセクションでmap to guestパラメータを設定することでゲスト認証を有効にできます。ゲスト認証に関連するパラメータの設定例を**リスト3-2-1**に示します。

リスト3-2-1 ゲスト認証に関連するパラメータの設定例

```
[global]
  ...
  map to guest = bad user
  guest account = nobody

[share3]
  ...
  guest ok = yes
  guest only = yes
```

map to guestパラメータのデフォルト値は「never」で、この場合ゲスト認証は無効です。ゲスト認証を有効にする場合は、このパラメータの値を明示的に「bad user」に変更します[注1]。

ゲスト認証が有効な場合は、Sambaサーバへアクセスを試行したユーザに対応するSambaユーザが存在しないと自動的にゲスト認証が成功します。ゲスト認証に成功した場合、Sambaサーバ上の各種リソースへはguest accountパラメータで指定したUNIXユーザ(デフォルトはnobody)としてアクセスが行われます。なお、対応するSambaユーザが存在している場合はゲスト認証は行われずに通常の認証が行われ、正しいパスワードを入力しないと認証に失敗します。

● ゲスト認証によるファイル共有へのアクセス

「map to guest = bad user」を設定することで、Sambaサーバに対するゲスト認証が有効となります。しかし、セキュリティ上ゲスト認証による各ファイル共有へのアクセスはデフォルトで禁止されています。

ゲスト認証によるファイル共有へのアクセスを許可するには、**リスト3-2-1**のように次の設定を各ファイル共有で行います。

```
guest ok = yes
```

単にこの設定を行った場合、通常の認証に成功したユーザは通常のユーザとして、ゲスト認証に成功したユーザはゲストとして共有内のリソースにアクセスします。

注1 bad userの代わりにbad uidでも同様に有効にできます。本書で解説する範囲ではどちらを使ってもかまいません。これ以外にもbad passwordという値もありますが、実用的ではないため説明を省略します。

すべてのアクセスをゲスト認証として扱いたい場合は、guest okパラメータに加えて次の設定を行います。

```
guest only = yes
```

Note
「guest only = yes」の設定は、あくまで認証後の共有アクセス時に適用されます。そのため、存在するユーザでSambaサーバにアクセスしようとした際は、このパラメータがyesであっても、ゲスト認証ではなく通常のユーザ認証が行われます。

◉ 誰でもアクセス可能なファイル共有

実はmap to guestパラメータは**1章**でも登場しています。**1章**の**リスト1-2-5**では動作確認用として**リスト3-2-2**のsmb.confを紹介しました。

リスト3-2-2 動作確認用のsmb.conf（再掲）

```
; simple smb.conf file for checking
[global]
  map to guest = bad user

[tmp]
  path = /tmp
  guest ok = yes
```

1章ではSambaユーザに関する説明は何もしていないため、Sambaユーザは1人も作成されていないはずです。この状態で「map to guest = bad user」を設定すると、Sambaサーバへのアクセスは常にゲスト認証となります。したがってファイル共有側（**リスト3-2-2**ではtmpセクション）で「guest ok = yes」を設定することで、誰でも該当のファイル共有にゲスト認証でアクセスすることが可能となります。もちろん「writeable = yes」を設定すれば書き込むこともできます。

1章では動作確認用として、**2-3節**で説明したSambaユーザの作成を行わなくてもSambaへのアクセスを可能とするために**リスト3-2-2**の設定を紹介しました。このほか、個人の環境で煩わしい認証を省略したいという場合や、一時的にファイルの共有を行いたいという場合にも**リスト3-2-2**の設定は有用でしょう。

◉ ダウンロード用のファイル共有

リスト3-2-4は、インストール用ファイルを提供するファイル共有を想定した設定です。インストールイメージの管理者はpublicadmグループのメンバであることを想定しています。

publicadmグループに所属するユーザはwrite listパラメータにより書き込みが可能と

なります。またforce create mode、force directory mode、force groupパラメータにより、互いの書き込んだファイルの変更、削除ができます[注2]。

それ以外のユーザは読み取り専用でのアクセスとなります。map to guestパラメータとguest okパラメータにより、Sambaユーザが存在しない場合でもゲスト認証でpublic共有にあるインストールイメージにアクセスすることが可能となります。

リスト3-2-4 ダウンロード用のファイル共有

```
[global]
  ...
  map to guest = bad user
  ...

[public]
  path = /var/lib/samba/shares/public
  guest ok = yes

 (writeable = no)
  write list = @publicadm
  force create mode     = 664
  force directory mode  = 775
  force group           = publicadm
```

リスト3-1-3の説明を参照

なお、publicadmグループに所属するユーザであれば誰でもファイルを更新できるようにするために、/var/lib/samba/shares/publicディレクトリを次のようにして作成しておく必要があります。

```
# mkdir -p /var/lib/samba/shares/public
# chgrp publicadm /var/lib/samba/shares/public
# chmod g+w /var/lib/samba/shares/public
# ls -l /var/lib/samba/shares
(中略)
drwxrwxr-x  2 root publicadm 6 Jul 21 14:43 public
(中略)
```

ファイル、ディレクトリの表示や読み取りの禁止

Sambaには、アクセス権の設定とは別に指定した名前のファイルやディレクトリについてSamba経由での表示やアクセスを禁止する機能が実装されています。これはSamba独自の機能といってよいでしょう。以下関連する機能について説明します。

 これらの機能を有効にすると、ディレクトリ一覧のたびにディレクトリ内の各ファイルやディレクトリ名、パーミッションなどがチェックされますので、レスポンスの劣化やファイルサーバの負荷上昇といった影響が発生します。

注2　この動作の詳細については、リスト3-1-3の各パラメータの説明を参照してください。

●指定した名前のファイルの表示、アクセスを禁止する

　Sambaでファイル共有を構築すると、デフォルトではpathパラメータで指定したディレクトリ以下のファイルをWindowsクライアントから一覧することが可能となります。

　場合にもよりますが、ドット（.）ファイルを始めとする制御のためのファイルが表示されてしまうことで、利用者に無用の混乱を与えたくない、そもそもファイルの内容を見せたくないといったケースもあるでしょう。

　あるいは誤って実行することを避けるため、ファイル共有上にEXEファイルを置けないようにしたいといった要望もあるかもしれません。

　こうした場合には、veto filesパラメータを用いることで指定した名前のファイルやディレクトリ（以下ファイルと書いた場合はディレクトリも含みます）の作成やアクセスそのものを禁止できます。設定例を次に示します。

```
veto files = /.?*/*.exe/*damedame*/
```

　上記のように設定した場合、

- .（ドット）から始まる2文字以上のファイル[注3]
- 拡張子（ファイル名末尾）が「.exe」のファイル
- ファイル名の途中に「damedame」を含む名前のファイル

の表示やアクセスが禁止されます。なお大文字、小文字の違いは同一視されます。

　このように、veto filesパラメータの値には、禁止したいファイル名を「/」で区切って列挙します。ファイル名にはMS-DOS形式のワイルドカード文字「*（0文字以上の任意の文字列）」と「?（任意の1文字）」が利用できます。

　Sambaの共有上に該当する名前のファイルがあった場合、それらはファイル一覧の際表示されません。またファイルの保存時などに該当するファイル名を指定した場合や、ファイル名を該当する名前にコピー、リネームしようとした際も操作は失敗します。

　たとえば、図3-2-2のようなファイルがあるSamba上のファイル共有に対して、上記のveto filesの設定を行うと、図3-2-3のようになります。

注3　「.*」とした場合、カレントディレクトリを意味する「.」というファイルへのアクセスが禁止されてしまうため、想定しない問題が発生する可能性があります。

第3章 究極のファイルサーバを作ろう！ Sambaの応用設定（1）：ファイルサーバ編

図3-2-2 veto files パラメータ設定前

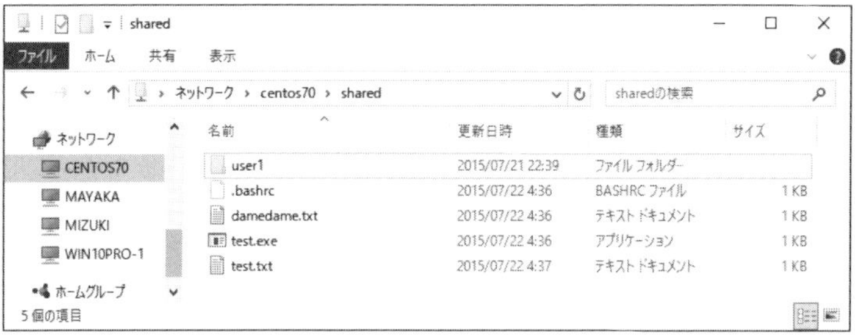

図3-2-3 veto files パラメータ設定後

※damedame.txt、test.exe、.bashrc ファイルが表示されていません

　この共有にexeファイルをコピーしようとしても、**図3-2-4**のようなエラーが発生してコピーに失敗します。

図3-2-4 veto files パラメータで禁止されているファイルのコピー時のエラー

　なお、単にveto filesパラメータを設定すると、このパラメータによりアクセスが禁止されているファイルを含むディレクトリを削除しようとしても、該当ファイルの削除に失敗するため結果としてディレクトリの削除に失敗してしまいます。
　そのため、veto filesパラメータを設定する場合は次の設定も行い、アクセスを禁止されているファイルが含まれているディレクトリを削除できるようにしておきます。

```
delete veto files = yes
```

● 特殊ファイルの表示、読み取りを禁止する

次の設定を行うことで、ファイルやディレクトリ以外の特殊ファイル（FIFO、ソケットなど）の表示、アクセスを禁止できます。

```
hide special files = yes
```

通常のファイル共有にこうしたファイルが置かれることはないと思いますが、なんらかの事情でこうしたファイルが置かれるディレクトリ（/tmpや/devなど）を共有する場合は、無用の混乱を避けるため上記パラメータを有効にした方がよいかもしれません。

● アクセス権のないファイルの表示、読み取りを禁止する

通常、エクスプローラなどでフォルダ内のファイルを一覧すると、アクセス許可がないファイルやフォルダも一覧には表示されます。このため、フォルダ名にうっかり内容を示す名称をつけたりすると、本来は秘匿すべき情報が洩れてしまって思わぬ事態を発生させてしまうこともあります。

これに対して、Sambaでは読み取り権のないファイル（含ディレクトリ）を非表示にしてアクセスを抑止する機能が実装されています[注4]。

読み取り権のないファイルの表示やアクセスを抑止するには該当のファイル共有で次の設定を行います。

```
hide unreadable = yes
```

これにより、読み取り権のないファイルがファイル一覧で表示されなくなります。

たとえば、次のようなファイルがあるディレクトリに、ユーザmonyo（所属グループmonyo）がSamba経由でアクセスしたとします。

```
$ ls -l
total 8
drwxr-xr-x. 2 root root 6 Jul 21 15:58 normal
-rw-r--r--. 1 root root 4 Jul 21 15:59 normal.txt
drwxr-x--x. 2 root root 6 Jul 21 15:59 secure
-rw-r-----. 1 root root 4 Jul 21 15:59 secure.txt
```

ユーザmonyoはrootユーザでもrootグループに所属するユーザでもないため、そのほかのユーザのアクセス権でアクセスします。「hide unreadable = yes」を設定していれば、Windowsのエクスプローラでフォルダ内のファイルを一覧しても、図3-2-5のようにそのほかのユーザに対して読み取り権を与えていないsecureおよびsecure.txtは表示されません。

注4 Windows Server 2003以降ではABE（Access Based Enumeration）という機能を有効にすることで、同様の機能を実現できます。

図3-2-5 Windowsから上記ディレクトリを表示したところ

　なお、先ほどのsecureディレクトリのようにその他のユーザに対する実行権ビットのみが設定されている場合、**図3-2-5**のようにディレクトリ自体は非表示となり、ディレクトリ内を一覧しようとしてもエラーとなりますが、非表示のディレクトリ内に読み取り可能なディレクトリがあれば、パスを直接指定することでアクセスすることができます。

　例えば、先ほどのsecureディレクトリ内に次のように誰でも読み取り権のあるreadableというディレクトリが存在し、さらにその中にreadable.txtというファイルが存在する場合、

```
$ ls -lR
.:
total 0
drwxr-xr-x. 2 root root 25 Jul 21 16:07 readable

./readable:
total 4
-rw-r--r--. 1 root root 4 Jul 21 16:07 readable.txt
```

　図3-2-6のようにパスを直接指定することでアクセスすることができます。

図3-2-6 非表示のディレクトリ内のディレクトリへのアクセス

※アクセス可能なフォルダのパスを直接指定するとアクセスできます。

ファイル属性

　Windowsには、UNIXのファイルシステムにはない概念としてファイル属性という概念があります。各属性の詳細な意味などについてはWindowsの参考書籍などを参照してください。表3-2-1にファイル属性の一覧を示します。

表3-2-1　ファイル属性一覧

属性	略字	意味
読み取り専用	R	ファイルを読み取り専用にする
アーカイブ	A	ファイルがバックアップ済かどうかの情報を保持する。主にバックアップツールが用いている。
隠しファイル	H	ファイルを一覧で表示されないようにする。主にシステムが利用するファイルを一般ユーザから隠すためにWindowsが用いている。
システムファイル	S	ファイルがシステム（OS）の使用するものであることを明示する。主にシステムの動作に必要なファイルを一般ユーザから隠すためにWindowsが用いている。
ディレクトリ	D	ディレクトリであることを示す特殊な属性
属性なし	N	属性が設定されていないファイルであることを示す。便宜上の属性

　ファイル属性は、たとえばThumbs.dbやdesktop.iniといったシステムが使用するファイルを一般ユーザから隠すために使われています。エクスプローラでは、図3-2-7のファイルやディレクトリのプロパティ画面[注5]や図3-2-8の「フォルダの詳細表示」画面の「属性」欄などで確認できます。

注5　システムファイル属性については、GUIからの参照や変更はできず、attribコマンドなどで操作する必要があります。

図3-2-7 ファイル属性

※「隠しファイル」および「アーカイブ」属性が付与されています。

図3-2-8 フォルダの詳細表示画面[注6]

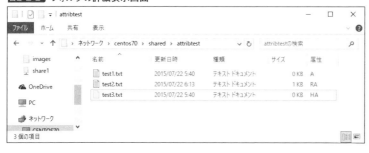

以降では、Sambaでファイル属性や関連する実装をサポートする機能について説明します。

● 拡張属性を用いたファイル属性の有効化

Sambaのデフォルトでは、読み取り専用属性とアーカイブ属性のみがサポートされ、その他のファイル属性は無視されます。読み取り専用属性はファイル所有者の読み取り権ビット、アーカイブ属性はファイルの所有者の実行権ビットを用いて保持されます。

このため、うっかりUNIX上からパーミッション設定を変更してしまうと設定が消失

注6 「属性」を表示させるには、「表示」メニューから「列の選択」で明示的に「属性」を指定する必要があります。

してしまうことに加え、Sambaの関連パラメータ[注7]を注意深く設定しないとファイル属性の設定自体に失敗してしまいます。これはかなり繁雑です。

最近のSambaではファイルシステムの拡張属性（Extended Attribute）という領域にファイル属性の情報を格納する機能がサポートされています。この機能を用いるには格納先のファイルシステムが拡張属性をサポートしている必要がありますが、最近のLinuxやFreeBSDで一般的なファイルシステムでは拡張属性がサポートされていますので、こちらの使用をお勧めします。

拡張属性にファイル属性を格納する設定例を次に示します。

```
store dos attributes = yes
(map archive = no)
(map read only = no)
(map hidden = no)
(map system = no)
```

store dos attributesパラメータは、拡張属性にファイル属性を格納する機能を有効化するパラメータです。それ以外の4つのパラメータは、ファイルのパーミッションにこれらのファイル属性を格納するかどうかを制御するパラメータですので、「store dos attributes = yes」が設定されている際は無視されますが、念のためnoに設定しておくことをお勧めします。拡張属性に格納されたファイル属性は、次のようにDOSATTRIBという名称の拡張属性を参照することでUNIX上から値の参照を行うことができます。

・Linuxの場合

```
$ attr -g DOSATTRIB damdame.txt
Attribute "DOSATTRIB" had a 56 byte value for damedame.txt:
0x21&UpEn・ミ
```

・FreeBSDの場合

```
$ getextattr user DOSATTRIB damedame.txt
damedame.txt    0x21&UpEn・ミ
```

先頭4バイト目までがファイル属性を意味する文字列になります。それ以降はバイナリデータのため文字化けしてしまいますが問題ありません[注8]。

この0x21という値は**表3-2-2**の値の論理和で構成された値です。

[注7] create maskやforce create modeなどが該当します。
[注8] 古いバージョンのSambaでは属性が文字列の4バイト分しか格納されないため、文字化けも発生しません。

表3-2-2 ファイル属性の値

属性	値
アーカイブ属性	0x20
ディレクトリ	0x10
ボリュームID[注9]	0x08
システム属性	0x04
隠しファイル属性	0x02
読み取り専用属性	0x01

ここでは読み取り専用属性とアーカイブ属性が付与されていることが確認できます。

COLUMN　拡張属性の有効化

筆者が確認した限り、本書で扱っているCentOS 7、Ubuntu Server 14.04LTS、FreeBSD 10のデフォルトのファイルシステムでは、拡張属性はデフォルトで有効になっていましたが、古いプラットフォームや一部のファイルシステムでは、拡張属性を有効にするために、明示的にuser_xattrというマウントオプションを設定する必要があります。

恒久的にマウントオプションを変更する場合は、次のように/etc/fstabファイルを編集してuser_xattrを追加の上再起動を行います。

```
#
# <file system> <mount point>    <type>    <options>          <dump>  <pass>
...
/dev/hda1       /                ext3      errors=remount-ro,user_xattr 0     1
```
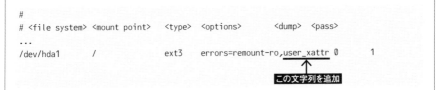
　　　　　　　　　　　　　　　　　　　　　　　　　　　　　　　　↑ この文字列を追加

動作確認の際など、再起動せずに一時的に拡張属性を有効にしたいという場合は、Linux系プラットフォームの場合はmountコマンドの-oオプションのremount引数により、FreeBSDの場合は-uオプションにより設定を動的に変更することも可能です。Linux系プラットフォームで「/」パーティションに対して拡張属性を有効化する際の設定例を次に示します。

```
# mount    ←「/」パーティションに対するマウントオプションを確認
/dev/hda1 on / type ext3 (rw,errors=remount-ro)
...
# mount -o remount,rw,user_xattr,errors=remount-ro /dev/hda1 /
                                              ↑ マウントオプションにuser_xattrを追加
# mount    ←「/」パーティションに対するマウントオプションを確認（user_xattrが追加されている）
/dev/hda1 on / type ext3 (rw,user_xattr,errors=remount-ro)
...
```

拡張属性が有効になっているかどうかはコマンドで確認することができます。例えばLinux系プラットフォームで拡張属性が有効になっていない環境で次のように拡張属性の操作を行うと「Operation not supported」というエラーが表示されます。

注9　ボリュームラベルを意味します。通常のファイルに設定されることは決してありません。

```
$ attr -s TESTATTRIB -V damedame damedame.txt
attr_set: Operation not supported
Could not set "TESTATTRIB" for damdedame.txt
```

◉ドットファイルを自動的に隠しファイルにしない

　Sambaでは、ファイル属性の設定とは無関係に「.」から始まるドットファイルは自動的に隠しファイルとなっています。このため、標準の設定であればフォルダ内のファイルを一覧してもドットファイルは表示されません。

　これらのファイルはUNIXでも標準ではファイル一覧に表示されませんので、それに準じた扱いとなっています。この機能を無効にする場合は次のように設定します。

```
hide dot files = no
```

◉強制的にファイルを隠しファイルにする

　hide filesパラメータにより、任意のファイルを隠しファイルとして扱うことも可能です。hide filesパラメータにおけるファイルの指定方法はveto filesパラメータに準じますので、詳細はveto filesパラメータの説明を参照してください。

ファイルシステムの互換性に関する機能

　Sambaが使用するUNIX（LinuxやFreeBSDを含みます）のファイルシステムとWindowsのファイルシステムとでは、根本的な思想が異なっていることによる差異がいくつか存在しています。このため、Sambaにはファイルシステムの細かい挙動の差異を可能な限りWindows互換にするためのパラメータやUNIX特有のシンボリックリンクの扱いに関するパラメータなどがいくつか用意されています。

◉Visual Studio用の設定（時刻精度とディレクトリの作成時刻をWindows互換にする）

　Visual StudioのプロジェクトをSambaの提供するファイル共有上に配置する場合は、リスト3-2-4の設定を行わないと不具合が発生します。

リスト3-2-4　Visual Studioの互換性設定

```
dos filetime resolution = yes
fake directory create times = yes
allocation roundup size = 0
```

　「dos filetime resolution = yes」を設定することで、FATファイルシステムの2秒単位という精度の低い時刻がサポートされます[注10]。

[注10] Microsoftの技術情報「402160: [NT] NTFSからFATへのファイルのコピー時に日時が変わる」を参照してください。

「fake directory create times = yes」を設定することで、ディレクトリの作成時刻として非常に古い時刻（1980年1月1日）が常に返却されるようになります[注11]。

これらのパラメータを設定しないと、Visual Studioが本来再コンパイルが不要なファイルを毎回再コンパイルしてしまうといった事象が発生します。

> **Note**
> FreeBSDでは、fake directory create timesパラメータの設定は不要です。FreeBSDのファイルシステムではディレクトリ作成時刻の情報が保持されており、Sambaはこの情報を使用するようになっているためです。

また、SambaがWindowsマシンに報告するディスクの割り当てサイズは、パフォーマンス上の理由で1MB単位に丸められていますが、Visual Studioなど一部のアプリケーションはこの処理の影響でクラッシュしてしまうことがあります。これが問題となる場合は、「allocation roundup size = 0」を設定して、この処理を無効化してください。

■ シンボリックリンクの追跡

UNIXでは、シンボリックリンクを作成することで、ファイルやディレクトリが実際の名前、パスとは別の名前、パスで存在するかのように扱う手法が広く使われています[注12]。

便利な機能ですが、ファイル共有外へのシンボリックリンク作成を許可してしまうとサーバ内の任意のパスが実質的に共有されてしまい、セキュリティ上好ましくない面もあるため、Sambaのデフォルトでは同一ファイル共有内へのシンボリックリンクのみが有効となっています。

ファイル共有内に、ファイル共有外へのシンボリックリンクを作成した上で、Windowsクライアントからアクセスしようとしても、図3-2-9のようなエラーとなりシンボリックリンクをたどることができません。

[注11] 伝統的なUNIXファイルシステムにはファイル（ディレクトリ）の作成時刻という情報がないため、Sambaのデフォルトではディレクトリの最終アクセス時刻を作成時刻として返却します。
[注12] Windowsでも古くからあるジャンクションポイントや、Windows Vista以降で実装されたシンボリックリンク機能で同様のことができるのですが、一般的に使われているとは言い難い状況だと考えています。

図3-2-9 ファイル共有外へのシンボリックリンクのアクセス

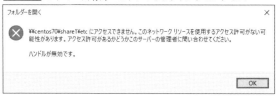

何らかの理由でファイル共有外へのシンボリックリンクを有効にしたい場合は、**リスト3-2-5**の設定を行います。

リスト3-2-5 ファイル共有外へのシンボリックリンクを有効にする設定

```
wide links = yes
unix extensions = no
allow insecure wide links = yes
```

ファイル共有外へのシンボリックリンクを有効にする際には「wide links = yes」を設定しますが、これだけでは設定が有効になりません[注13]。

設定を有効にするには、unix extensionsパラメータを明示的にnoを設定するか、あるいは「allow insecure wide links = yes」に設定する必要があります。

unix extensionsパラメータは、ファイル共有に使用するSMBプロトコルに対してHP社が策定したUNIXに特化した機能拡張を有効にする設定です。Windowsクライアントからのアクセスに影響はないので、「wide links = yes」を設定したい場合は、「unix extensions = no」の設定をお勧めします。

なお、次の設定を行うことで、ファイル共有内へのシンボリックリンクも含めてSambaのシンボリックリンクの解析を全面的に無効とすることもできます。

```
follow symlinks = no
```

ごみ箱機能

Windowsクライアントでは、エクスプローラから削除した[注14]ローカルマシン上のファイルは「ごみ箱」という名称の特殊なフォルダに移され、明示的に「ごみ箱を空にする」という操作を行って初めて本当に消去されます。

また、Windows Server 2003以降で構築したファイルサーバであれば、ボリュームシャドウコピーという機能を有効にすることで、ファイルサーバ上にある各ファイルの

注13 Samba 3.4系列以前では「wide links = yes」がデフォルト値です。また。この設定だけでファイル共有外へのシンボリックリンクが有効になります。

注14 コマンドプロンプト上から削除するなど、他の方法で削除したファイルは直ちに削除されます。

プロパティにある**図3-2-10**のような「以前のバージョン」タブから過去のバージョンを復元することも可能です。

図3-2-10 「以前のバージョン」タブ

ファイルサーバの管理者としては、万一のときに備えて有効にしておきたい機能でしょう。実はボリュームシャドウコピーはSambaでも実現できます。しかし、かなり大掛かりな設定が必要となるので本書では説明しません。代わりにWindowsマシンの「ごみ箱」相当の機能を手軽に実現する方法を説明します。

◉ ごみ箱機能を有効にする

Sambaでは、recycleというモジュールを有効にすることでWindowsの「ごみ箱」と類似の機能が実装されています。設定例を**リスト3-2-6**に示します。

リスト3-2-6 「ごみ箱」を有効にする設定

```
vfs objects = recycle

# ディレクトリ構造を保持する設定
recycle:keeptree = yes
# 同一ファイル名のファイルを上書きしない設定
recycle:versions = yes
# ごみ箱にいれたファイルの最終アクセス時刻を更新する設定
recycle:touch = yes
# 巨大なファイルをごみ箱に入れない設定
recycle:maxsize = 20000000
```

```
# ごみ箱に入れないファイルを指定する設定
recycle:exclude = *.tmp ~$*
```

複数ユーザ用のファイル共有では若干設定が必要ですので、まずはhomes共有など個人用の共有に

```
vfs objects = recycle
```

という1行を加えて動作を確認してみましょう[注15]。

適切に設定されている場合、何かファイルやディレクトリ(以下単にファイルと記載します)を削除すると、ファイル共有の直下に.recycleというディレクトリが自動的に作成され、削除されたファイルはそこに移されます。

recycleモジュールには多くのパラメータが実装されています。以下**リスト3-2-6**で紹介したパラメータについて説明します。

◉ディレクトリ構造を保持する設定

デフォルトでは削除されたファイルは、必ず「.recycle」ディレクトリの直下に移動されます。言い替えるとディレクトリ構造は消失します。「recycle:keeptree = yes」を設定することで、ディレクトリ構造を維持したまま「.recycle」ディレクトリにファイルが移動されます。

◉同一ファイル名のファイルを上書きしない設定

同じ名前のファイルを削除した場合、デフォルトでは以前に削除されたファイルが上書きされていきます。特に「recycle:keeptree = no」の場合はディレクトリ構造が保持されないため、この影響は深刻です。例えば/home/monyo/doc/test.txtを削除した後に/home/monyo/work/test.txtを削除すると、ファイル名のtest.txtが同一のため、後から削除したtest.txtが先に削除したtest.txtを上書きしてしまうといった事態が発生します。

「recycle:versions = yes」を設定すると、削除しようとしたファイル名と同じ名前のファイルがすでに.recycleディレクトリに存在している場合は、新しく削除されたファイルを「Copy #x of ファイル名」というファイル名(xは数字)にリネームして移動します。例えば先ほどのtest.txtの例では、後から削除した方のファイルは「Copy #1 of test.txt」という名前にリネームしてごみ箱に格納されます。

便利な設定ではありますが、同じ名前のファイルの作成、削除を繰り返すと最終的にディスク上から削除するまでディスク領域がどんどん消費されていきますので注意してください。

注15 既にvfs objectsパラメータが設定されている場合は、「recycle」というモジュール名を意味するキーワードをスペースで区切って追加してください。

● 古いファイルの削除

「.recycle」ディレクトリ中のファイルが自動的に削除されることはありませんので、定期的に古いファイルを削除する必要があります。運用上はごみ箱に入ってから一定期間経過したファイルを削除したいところでしょう。

しかし、デフォルトの設定ではごみ箱に入ったファイルにごみ箱に入った日付の情報が記録されていないため困難です。このため「recycle:touch = yes」を設定して、ごみ箱に入ったファイルの最終アクセス時刻がごみ箱に移動した時刻になるように設定を行っておくことをお勧めします。これにより、ごみ箱に入ってから一定期間アクセスがないファイルを削除することが可能になります。

リスト3-2-7は/home直下に存在すると仮定している各ユーザのホームディレクトリの直下にある「.recycle」ディレクトリの中を調査して、最後にアクセスされてから2週間（14日）以上経過したファイルを削除するスクリプトです。このようなスクリプトをcronなどで定期的に実行すれば良いでしょう。

リスト3-2-7 ごみ箱中の古いファイルを自動削除するスクリプト例

```
#!/bin/sh

trashdir=.recycle   ← ごみ箱ディレクトリの名前
olddays=14          ← 14日以上経過したファイルを削除する

cd /home

for homedir in *; do
  if [ -d $homedir/${trashdir} ]; then
    cd $homedir/${trashdir}
    find . -atime +${olddays} -exec rm {} \;
  fi
done
```

※実環境で用いる場合は、環境に応じたエラー処理やカスタマイズを行ってください。

● 巨大なファイルをごみ箱にいれない設定

「ごみ箱」機能によりファイルシステムがいっぱいとなる危険性を回避するもうひとつの設定がrecycle:maxsizeパラメータです。このパラメータを設定すると、指定したサイズよりも大きいファイルはごみ箱に送られず直接削除されます。これにより、仮想マシンのイメージファイルなどのGB単位のファイルがごみ箱に格納されることでディスク領域が想定外に消費されてしまう問題が解決されます。一方巨大なファイルは何のメッセージもなく「本当に」削除されてしまいますので、その点は充分留意して値を設定してください。

リスト3-2-6では、「ごみ箱」に移動するファイルの最大サイズを20MBに制限しています。

3-2 一歩進んだファイル共有の設定

● ごみ箱に入れないファイルを指定する設定

recycle:excludeとrecycle:exclude_dirパラメータで、ごみ箱に入れないファイルやディレクトリを明示的に指定することも可能です。たとえば次のように設定することで、各種一時ファイル（*.tmp）やWordが生成する一時ファイルがごみ箱に入れずに即時削除されるようになります。

```
recycle:exclude = *.tmp ~$*
```

指定の際にはWindowsと同様に「*」と「?」をワイルドカードとして用いることができます。

● 複数ユーザ用のファイル共有でごみ箱を有効にする

新規にごみ箱となる.recycleディレクトリが作成される際、デフォルトではごみ箱を作成するユーザが所有者となり、パーミッションは700に設定されます。このため、あるユーザで作成したごみ箱に対して別のユーザがファイルを移動させることができません。こうした場合、削除したファイルはごみ箱に入らず、何のメッセージも表示されずにそのまま削除されてしまいます。

これに対応する方法としては、以下の2つがあります。

① ユーザ毎にごみ箱を作成する

ここまでごみ箱のディレクトリ名は「.recycle」であるという説明を行いましたが、実はreclcye:repositoryパラメータによりごみ箱の名前を変更することができます。ただし名前に「/」を入れることはできないので、ごみ箱は必ずファイル共有の直下に作成されます。

次のような設定を行うことで、ユーザ毎に別のごみ箱を作成することが可能です。

```
recycle:repository = .recycle.%U
```

例えばユーザmonyoが削除したファイルは.recycle.monyoに、ユーザuser1が削除したファイルは.recycle.user1に格納されます。各ごみ箱ディレクトリのパーミッションが700のため、一度削除されたファイルは削除したユーザ以外が復元できなくなります。これは便利な場合もあれば不便な場合もあるでしょう。

② recycle:directory_modeパラメータを利用する

recycle:directory_modeパラメータにより、ごみ箱ディレクトリ作成時のパーミッションを制御することが可能です。例えば**リスト3-1-3**のshared共有で、

```
recycle:directory_mode = 770
```

という設定を行うことにより、作成される.recycleディレクトリの所有グループはproject1（force group = project1のため）、パーミッションは770になります。

これにより、project1グループのメンバは「.recycle」ディレクトリにアクセスすることができますので、ごみ箱を共有できます。例えばuser1が削除したファイルをuser2が復活させることもできるようになります。

なお、一度削除されたファイルを安易に復元させたくない場合は、recycle:directory_modeパラメータの値を330（-wx-wx---）にしてしまうのがよいでしょう。

書き込み権はあるので、削除されたファイルをごみ箱に移動させることはできますが、読み取り権がないのでユーザが復元させることはできず、管理者への依頼が必要になります。

アクセスの監査

最近では様々な場面で監査が求められます。Windowsにも監査機能があり、必要に応じて各種アクセスの監査ができます。Sambaにおいても同等の機能が実現されています。

◉UNIX標準機構によるアクセスの記録

次の設定を行うことで、UNIX標準のwtmpファイルにSambaサーバへのアクセスを記録することができます。

```
[global]
  utmp = yes
```

wtmpファイルの内容はlastコマンドで参照します。Sambaサーバへのアクセスのみを抽出した実行例を次に示します。

仮想端末名としては、必ず「smb/」から始まる名称が設定されます。

● 監査の設定

Sambaのファイル共有に対する監査を有効にするには、該当の共有で次の設定を追加します[注16]。

```
vfs objects = full_audit
full_audit:facility = local1
```

これにより、監査を実現するfull_auditモジュールが有効になります[注17]。

full_auditモジュールはsyslogにログを出力しますので、syslogの設定も意識する必要があります。デフォルトではuser.noticeというファシリティとレベルでログが出力されますので、/var/log/messagesや/var/log/syslogといったデフォルトの出力先に図3-2-11のような監査結果が出力されます。しかし、監査ログは大量になることがあり、他のログと混在すると他のログが埋もれてしまって見づらいので、別のファイルに切り出しておくことをお勧めします。

図3-2-11 Sambaの監査ログ出力例

```
Jul 26 00:26:25 centos70 smbd_audit: monyo|192.168.20.134|fstat|ok|testdir/test.pdf
Jul 26 00:26:25 centos70 smbd_audit: monyo|192.168.20.134|sys_acl_get_fd|ok|testdir/test.pdf
Jul 26 00:26:25 centos70 smbd_audit: monyo|192.168.20.134|fget_nt_acl|ok|testdir/test.pdf
Jul 26 00:26:25 centos70 smbd_audit: monyo|192.168.20.134|fstat|ok|testdir/test.pdf
Jul 26 00:26:25 centos70 smbd_audit: monyo|192.168.20.134|sys_acl_get_fd|ok|testdir/test.pdf
Jul 26 00:26:25 centos70 smbd_audit: monyo|192.168.20.134|fget_nt_acl|ok|testdir/test.pdf
Jul 26 00:26:25 centos70 smbd_audit: monyo|192.168.20.134|kernel_flock|ok|testdir/test.pdf
Jul 26 00:26:25 centos70 smbd_audit: monyo|192.168.20.134|close|ok|testdir/test.pdf
Jul 26 00:26:25 centos70 smbd_audit: monyo|192.168.20.134|stat|ok|testdir/test.pdf
Jul 26 00:26:25 centos70 smbd_audit: monyo|192.168.20.134|stat|fail (No such file or ⤵
directory)|testdir/test.pdf:Zone.Identifier
Jul 26 00:26:25 centos70 smbd_audit: monyo|192.168.20.134|stat|ok|testdir/test.pdf
Jul 26 00:26:25 centos70 smbd_audit: monyo|192.168.20.134|get_alloc_size|ok|1048576
Jul 26 00:26:25 centos70 smbd_audit: monyo|192.168.20.134|streaminfo|ok|testdir/test.pdf
Jul 26 00:26:25 centos70 smbd_audit: monyo|192.168.20.134|realpath|ok|testdir/test.pdf
Jul 26 00:26:25 centos70 smbd_audit: monyo|192.168.20.134|connectpath|ok|testdir/test.pdf
Jul 26 00:26:25 centos70 smbd_audit: monyo|192.168.20.134|create_file|fail (No such file ⤵
or directory)|0x80|file|open|testdir/test.pdf:Zone.Identifier
Jul 26 00:26:25 centos70 smbd_audit: monyo|192.168.20.134|closedir|ok|
```

まずはfull_audit側でログを出力するファシリティをlocal1など、未使用のものに設定します。

注16 既にvfs objectsパラメータが設定されている場合は、「full_audit」というモジュール名を意味するキーワードをスペースで区切って追加します。

注17 Sambaで監査を実現するモジュールとしては他にもauditとextd_auditという2つがあります。ただし、接続元IPアドレスの情報が取得できないなど機能として不十分だと考えているため、解説は省略します。

```
full_audit:facility = local1
```

ついでsyslog.confファイルに次のような行を追加してlocal1ファシリティのログを適切なファイル（たとえば/var/log/samba/audit.log）に出力するように設定します。

```
local1.*                    /var/log/samba/audit.log
```

最後に、デフォルトの出力先ファイルにSambaの監査ログが出力されないように除外設定を行います。プラットフォームにより設定箇所は異なりますが、適切な箇所でlocal1.noneを設定することで、ファシリティがlocal1のメッセージの出力を抑止します。各プラットフォーム毎の設定箇所を次に示します。

・CentOS
```
*.info;local1.none;mail.none;authpriv.none;cron.none            /var/log/messages
        ↑ 追加
```

・Ubuntu Server
```
*.*;local1.none;auth,authpriv.none              -/var/log/syslog
     ↑ ←追加
```

・FreeBSD
```
*.notice;local1.none;authpriv.none;kern.debug;lpr.info;mail.crit;news.err    /var/log/
         ↑ ←追加
messages
```

設定を行ったら、次のようにして忘れずに出力先ファイルを作成します。

```
# touch /var/log/samba/audit.log
```

ファイルを作成したら、設定を反映させるため設定ファイルの再読み込み（もしくはsyslogサービスの再起動）を行います。

これで図3-2-11で示したSambaの監査ログが/var/log/samba/audit.log（だけ）に出力されるようになるはずです。

■full_auditのカスタマイズ

full_auditのデフォルトでは、各種操作の成功、失敗が記録されるため、膨大なログファ出力されます。このため、通常の運用時は記録する操作を制限することを強くお勧めします。

記録する操作の制御はfull_audit:successとfull_audit:failureパラメータで行います。設定例を次に示します。

```
full_audit:failure = connect disconnect opendir closedir mkdir rmdir open close rename 🡥
unlink
full_audit:success = connect disconnect mkdir rmdir open close rename unlink
```

上記も含めた主要な操作のキーワードと意味を**表3-2-3**に示します。このようにディレクトリ操作、ディスク操作欄に記載した操作はシステムコールにほぼ対応していますので、ほぼすべてのファイル操作を監査することが可能です。詳細についてはマニュアルページなどのドキュメントを参照してください。

表3-2-3 監査可能な主要な操作

項目	
操作の名称	説明
all	すべての操作を含む
none	すべての操作を除外
ディスク操作	
connect	ファイル共有へのアクセス
disconnect	ファイル共有からの切断
ディレクトリ操作	
opendir	ディレクトリのオープン
readdir	ディレクトリエントリの読み取り
mkdir	ディレクトリの作成
rmdir	ディレクトリの削除
closedir	ディレクトリのクローズ
ACL操作	
fset_nt_acl	ACLの設定
set_nt_acl	
chmod_acl	ACLの変更
fchmod_acl	

項目	
操作の名称	説明
ファイル操作	
open	ファイルのオープン
close	ファイルのクローズ
create_file	ファイルの作成
read	ファイルの読み取り
pread	
write	ファイルの書き込み
pwrite	
rename	ファイルのリネーム
unlink	ファイルの削除
chmod	ファイルのパーミッション変更
fchmod	
chown	ファイルの所有者変更
fchown	
ftruncate	ファイルサイズの切り詰め
symlink	シンボリックリンクの作成
link	ハードリンクの作成

COLUMN プリンタ共有の設定

　Sambaは、UNIXサーバ上で定義されたプリンタをWindowsクライアントに提供するプリンタ共有を設定して、プリンタサーバとして動作させることもできます。

　もっとも近年では、プリンタサーバ機能を内蔵したネットワークプリンタが広く普及していますので、特殊な場合をのぞき、Sambaでプリンタ共有を提供することはないと考えています。

　UNIXサーバ側のプリンタの設定方法自体もプラットフォームにより異なりますので、ここではSambaの設定のポイントをかいつまんで説明します。実際に設定が必要な場合は、本書の記述に加えて、各プラットフォームのドキュメントやSambaのドキュメントも適宜参照してください。

● Sambaによるプリンタ共有の概念

Sambaでは、図3-2-12のようにしてプリンタ共有機能を実現しています。Sambaの役割は印刷データの受渡し役で、①Windowsクライアントから受け取ったプリンタ言語に変換済の印刷データを②一時ファイルに保存した上で、③lprなどの印刷コマンドもしくはCUPSという印刷機構に引きわたし、④プリンタに印刷します。

したがってSambaでプリンタ共有を行うには、あらかじめ③に相当するUNIX側の印刷機構を設定しておく必要があります。なお、印刷コマンドの代わりに任意のコマンドを指定することで④として印刷以外の様々な処理[注18]を実現することも機能上としては可能です。

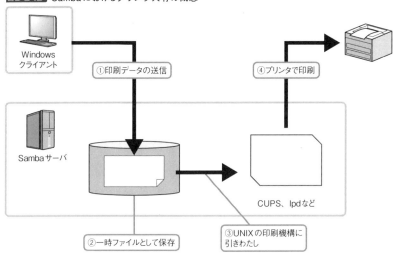

図3-2-12 Sambaにおけるプリンタ共有の概念

● プリンタ共有の設定

UNIX側で作成済のprn1という名前のプリンタをprinter1という名前で共有する設定例をリスト3-2-8に示します。

リスト3-2-8 基本的なプリンタ共有の設定例

```
[printer1]                      ← プリンタ共有名
    printable = yes             ← このセクションがプリンタ共有であることを示す
    printer name = prn1         ← UNIX側で作成済のプリンタ名
    printing = cups             ← UNIX側の印刷機構の指定
    path = /var/spool/samba     ← 一時ファイルの保存場所を指定
```

「printable = yes」を設定することで、このセクションがプリンタ共有として認識されます。セクション名は、ファイル共有と同様Windowsクライアントから参照する際のプリンタ共有名となりますので、任意の名称を指定してください。

printingパラメータではUNIX側の印刷機構を指定します。最近のLinuxではcupsが使用さ

注18 例えばFAXへの送信や印刷データをPDFへ変換する設定例がインターネット上で公開されていました。

れている場合が多いので、その場合はcupsと指定します。FreeBSDなどで伝統的なlpr系の印刷機構を使用している場合はbsdと指定します。

図3-2-12で説明したように、プリンタ共有では印刷データを一時ファイルに保存した上で印刷コマンドに引き渡します。プリンタ共有のpathパラメータにはSambaがこの印刷コマンドに引き渡す一時ファイルを作成する「スプール領域」を指定します。スプール領域への書き込みはプリンタ共有にアクセスしたユーザの権限で行われますので、通常は次のように/tmpと同様のパーミッションの設定を行っておくことをお勧めします[注19]。

```
# mkdir -p /var/spool/samba
# chown 1777 /var/spool/samba
```

プリンタ共有でもcommentやbrowseable、あるいはhosts allowといった共有単位でのアクセス、表示を制御するパラメータについては、ファイル共有の場合と同様に機能します。

この状態で、Windowsクライアントからアクセスして共有一覧を参照すると、図3-2-13のようにプリンタ共有を示すアイコンが表示されます。

図3-2-13 プリンタ共有の表示

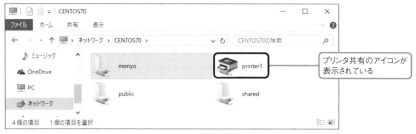

プリンタ共有のアイコンが表示されている

このアイコンをクリックすると、「ドライバーが見つかりません」という画面が表示されるので、手動で適切なプリンタドライバを選択してインストールすることで、Windowsクライアントでのプリンタの設定が完了します[注20]。

注19　CentOS 7、Ubuntu Server 14.04LTSでは、パッケージのインストール時に/var/spool/sambaディレクトリがパーミッション1777で作成されていました。

注20　いくつか追加の設定が必要ですが、Sambaサーバでも、Windowsサーバと同様にプリンタドライバを自動でインストールさせる設定が可能です。

3-3
ACLによる詳細なアクセス制御の設定

　Sambaでは、ファイルシステムがACLに対応していれば、ACLの設定をWindowsのアクセス許可に対応づけることで詳細なアクセス制御を行うことができます。また、NTFS互換モジュールを有効化することで、Windowsのアクセス許可と互換性のあるアクセス制御を行うこともできます。まずは、**3-1節**で説明した共有単位でのアクセス制御も含めた機能比較を**表3-3-1**に示します。

表3-3-1 アクセス制御方式の比較

アクセス制御の方式	UNIX上でのアクセス制御	Windowsクライアントからのアクセス制御	設定の難易度
共有単位での制御	× 一律同じパーミッションに設定	× 共有単位で制御。ファイル単位での制御はできない	易
ACLによる制御	○ ACLによる詳細なアクセス制御	△ ACLの設定を可能な範囲でWindowsのアクセス許可に対応づけ	難
NTFS互換モジュールによる制御	× アクセス許可の設定を可能な範囲でACLに対応づけ。ただしUNIX上でのACL操作は想定されていない	○ NTFS互換のアクセス許可をサポート	並

　実際のところ、Windowsサーバでファイル共有を構築している多くの組織では、ファイル単位のアクセス制御の設定変更を許可しておらず、共有単位でのアクセス制御に留めているところが大半だと考えています。その意味ではすでに説明した共有単位でのアクセス制御で要件を満たせるケースが実は大半だと考えています。

　一方、ACLによる制御を行うことで、ファイル単位の細かいアクセス制御とWindowsからのアクセス制御の設定変更が実現します。高機能ではありますが、NTFSのアクセス許可との互換性がない点もあるため、Windowsからアクセス制御の設定をする場合は、UNIXのACLの実装やSambaの実装についての理解がある程度求められます。このため、実際に運用する上での難易度はかなり高いと考えています。

　NTFS互換モジュールによる制御は、UNIX上のアクセス制御をある程度犠牲にすることで、NTFS互換のアクセス許可をサポートした方式です。ファイルへのアクセスは必ずWindowsから行う前提（UNIX上で直接操作しない）の環境で、NTFSによる詳細なアクセス許可を必要としている場合は検討してもよいでしょう。ただし、アクセス制御はUNIX上のパーミッションなどではなく、拡張属性に格納したアクセス許可情報を使用することが前提となるため、UNIXとWindowsとでファイルをやりとりするような共有には不向きです。

3-3 ACLによる詳細なアクセス制御の設定

本節ではACLによる制御とNTFS互換モジュールによる制御の設定について、順を追って説明します。

ACLの概要とUNIXの設定

始めに、LinuxやFreeBSDが対応しているPOSIX ACLについて簡単に説明します[注1]。

LinuxやFreeBSDを含む伝統的なUNIXにおけるファイルやディレクトリのアクセス制御は、**図3-3-1**のように、

- ファイルの所有者（user）
- ファイルの所有グループ（group）
- その他（other）

に対して、読み取り（r）、書き込み（w）、実行（x）という3つのパーミッションをファイルに割り当てることによって実現します。

図3-3-1 伝統的なファイルやディレクトリのアクセス制御

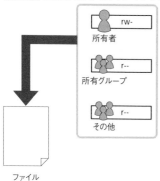

一方ACLが有効な環境では、伝統的なアクセス制御のしくみに加えて任意のユーザやグループに対して3つのパーミッションを割り当てることが可能です。これにより柔軟なアクセス制御が可能となります。

注1 本書では説明しませんが、SambaはSolarisやHP-UXなど商用UNIXが実装しているACLをはじめ、POSIX ACL以外のさまざまなACLにも対応しています。

図3-3-2 ACLが有効な環境におけるアクセス制御

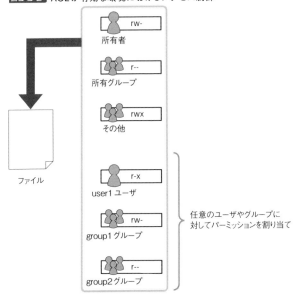

　一例を挙げると、伝統的なアクセス制御では「あるファイルに対してgroup1グループには読み書き権限、group2グループに対して読み取り権限を与えたい」という要望に対してうまく対応することができません。

　一方ACLが有効な環境では、**図3-3-2**のようにファイルに対してgroup1を読み書き可能（rw-）、group2を読み取り可能（r--）という2つのACLを設定することで簡単に要望を実現することができます。

COLUMN　ACLの有効化

　ACL機能を使用するためには、SambaパッケージがACLサポートを有効にしてビルドされていることに加え、ファイルシステムでACLが有効になっている必要があります。

　筆者が確認した限り、ACLサポートについてはCentOS 7、Ubuntu Server 14.04LTS、FreeBSD 10いずれのSambaパッケージでも有効になっていました。ファイルシステムのACLについては、CentOS 7とUbuntu Server 14.04LTSのデフォルトでは有効化されていましたが、FreeBSD 10では無効となっていました。なお、CentOSやUbuntu Serverでも、古いプラットフォームや一部のファイルシステムでは無効となっているケースがあります。

　ファイルシステムでACLを有効にするには、次のように/etc/fstabファイルを編集して、acl（CentOSもしくはUbuntu Server）もしくはacls（FreeBSD）というマウントオプションを追加の上再起動を行います。

3-3 ACLによる詳細なアクセス制御の設定

```
#
# <file system> <mount point>   <type>   <options>        <dump>  <pass>
...
/dev/hda1       /               ext3     errors=remount-ro,acl 0     1
```
この文字列を追加

 Linux系とFreeBSDでマウントオプションが異なりますので間違えないようにしてください。

　動作確認の際など、再起動せずに一時的に拡張属性を有効にしたいという場合は、Linux系プラットフォームの場合はmountコマンドの-oオプションのremount引数により、FreeBSDの場合は-uオプションにより設定を動的に変更することも可能です。
　ACLが有効になっているかどうかは、コマンドで確認することができます。例えばFreeBSD10のデフォルトの環境で次のようにACLの操作を行うと「Operation not supported」というエラーが表示されるため、ACLが有効化されていないことを確認できます。

```
$ setfacl -m user:root:rwx test.txt
setfacl: test.txt: acl_get_file() failed: Operation not supported
```

● ACLの設定

　ACLの設定はsetfaclコマンド、設定されているACLの表示はgetfaclコマンドによって行うことができます。実行例を図3-3-3に示します。

図3-3-3 getfaclコマンドとsetfaclコマンドの実行例

```
$ setfacl -m group:group1:rw- test.txt   ← group1グループを読み書き可能に設定
$ setfacl -m group:group2:r-- test.txt   ← group2グループを読み取り可能に設定
$ setfacl -m user:user1:r-x test.txt     ← user1ユーザを読み書き実行可能に設定
$ getfacl test.txt   ← test.txtファイルのACLを表示
# file: test.txt
# owner: root
# group: project1
user::rwx
user:user1:r-x
group::rw-
group:group1:rw-
group:group2:r--
mask::rwx
other::r--
```

　既存のファイルへのACLの追加、修正を行うには-mオプションを使用します。既存のACLを削除する際には、-xオプションを使用します。
　ACLが設定されたファイルをls -lコマンドで確認すると、次のように「+」記号が表示されます。

```
$ ls -l        ┌「+」記号が表示されている
total 4        ↓
-rwxrw-r--+ 1 root project1 6 2015-07-05 01:26 test.txt
```

> **Note**
>
> XFSでは1ファイルあたりに追加できるACL数の上限が21という制限があります。また古い
> EXT3や、FreeBSDのUFSでも同様に28という制限がありますので、留意してください。

● マスク

ACLにはマスク（mask）という概念があります。マスクが設定されていると、マスクで有効になっていないパーミッションは無効になります。例えば**図3-3-3**の状態で、次のようにマスクを「r-x」にした上で、getfaclコマンドでACLを確認するとgroup1グループのパーミッションも実効上読み取り専用となっていることが確認できます。

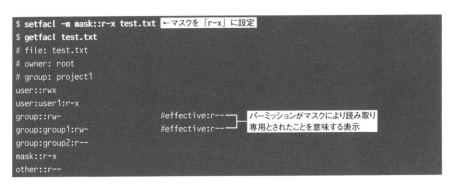

● ディレクトリとデフォルトACL

ディレクトリには、ディレクトリ自体に対するACL以外に、ディレクトリ内に新規に作成されるファイルやディレクトリに設定されるパーミッションやACLを示すデフォルトACL（default ACL）という設定があります。デフォルトACLが設定されたディレクトリのACLの表示例を次に示します。

```
$ getfacl dir1
# file: dir1
# owner: root
# group: root
user::rwx
group::r-x
group:daemon:r--
mask::r-x
other::r-x
default:user::rwx
default:group::r-x
default:group:bin:r--
```

```
default:mask::rwx
default:other::r-x
```

「default:」から始まっている行がデフォルトACLの設定になります。この例では、デフォルトACLによりディレクトリ内に作成されるファイルのパーミッションは755に設定され、加えてbinグループにも読み取りパーミッションが設定されます。

デフォルトACLを設定する場合は、次のように-dオプションを付加します。

```
$ setfacl -d -m group:bin:r-- dir1
```

Note

POSIX ACLでは、デフォルトACLに設定されたパーミッションのみがディレクトリ内に作成するファイルやディレクトリに適用されます。

SambaでACLを扱う場合、最低限ここで説明を行った内容は理解しておくことを強くお勧めします。

SambaにおけるACLの操作とSambaグループ

Samba自身とファイルシステムの両方でACLが有効になっていれば、ACLを使用する上で、smb.confなどで明示的に設定を行う必要はありません。

前述したようにUNIX上でACLを設定することで、Windowsクライアントからのアクセスの際にはACLの設定によりアクセスが制御されます。ACLの設定は、NTFSのアクセス許可の設定と同じ方法でWindowsクライアントから操作できます。

 Microsoft用語ではWindowsのファイルシステムにおけるACL相当の概念は「アクセス許可」という用語になっています。本書では、Windowsクライアントから操作する際は「アクセス許可」という用語を使い、UNIX上から操作する場合は、適宜「ACL」や「パーミッション」といった用語を使っています。

◉ WindowsクライアントからのACLの表示

WindowsクライアントからACLが有効となっているファイルシステム上のファイル共有にアクセスして、ファイルやフォルダのプロパティの「セキュリティ」タブを開くことで、図3-3-4のようにACLやパーミッションがアクセス許可として表示されます。

図3-3-4 アクセス許可の表示

※図3-3-3の設定を行ったファイルを参照したところ

アクセス許可の各行がパーミッションに対応するものか、ACLに対応するものかをWindowsクライアントから確認することはできません。

図3-3-4では「Unix Group¥project1」や「CENTOS70¥user1」といった表記が確認できます。表記がコンピュータ名（ここではCENTOS70）から始まっている場合は、対応するSambaユーザやグループが作成済のユーザやグループであることが確認できます。

「Unix User」や「Unix Group」といった表記から始まっている場合は、Sambaユーザやグループが未作成のユーザ、グループであることを示します。Sambaグループについては後述します。

● WindowsクライアントからのACLの編集

ACLの編集は、通常図3-3-4で「編集」をクリックすると表示される図3-3-5の画面で行います。既存のACLの変更を行うだけであれば、この画面で「フルコントロール」や「変更」といった行の「許可」列のチェックボックスを操作することで設定できます。

図3-3-5 アクセス許可の編集

チェックボックスの操作に対応して、ACLの「rwx」の設定が行われます。対応づけの詳細については後述します。

ACLのエントリを削除する場合は、削除したいACLに対応するアクセス許可を選択した上で、**図3-3-5**にある「削除」ボタンをクリックします。

 パーミッションに対応するアクセス許可を削除することはできないので注意してください。

ACLのエントリを追加する場合は、**図3-3-5**にある「追加」ボタンをクリックすると表示される**図3-3-6**の「ユーザーまたはグループの選択」ウインドウから行います。追加するユーザやグループ名が分かっていれば、①「選択するオブジェクト名を入力してください」下のボックスに直接入力しても構いません。

一覧から選択する場合は、②「詳細設定」をクリックし、表示されたウインドウで③「検索」をクリックします。「検索結果」欄にユーザやグループが表示されますので、適切な行を選択して④「OK」をクリックします。

図3-3-6 アクセス許可の追加

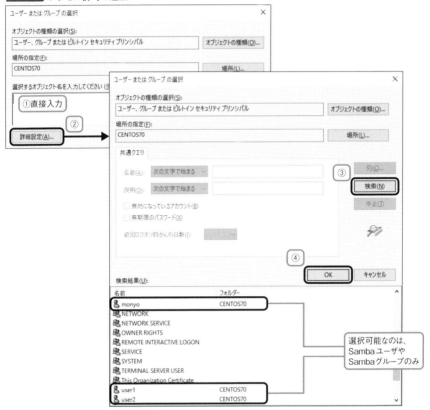

選択可能なのは、Sambaユーザや Sambaグループのみ

多数の行が表示されますが、実際に追加可能なユーザやグループは「フォルダー」列にコンピュータ名が表示されているSambaユーザもしくは後述するSambaグループだけです。

● Sambaグループ（ローカルグループ）

UNIXのグループをSambaのアクセス許可の付与対象としてWindowsクライアントから扱う上では、UNIXのグループに対応するSambaグループを定義する必要があります。

Note

SambaグループはWindowsクライアントやWindowsサーバに存在するローカルグループとして機能します。本章では便宜上Sambaグループという呼称を使用します。**4章**のWinbind環境では、ローカルグループという呼称を使用しています。

Sambaグループの操作方法はいくつかありますが、通常はnet groupmapコマンドで行います。Sambaグループの追加はnet groupmap addコマンドにより行います。

書式 `net groupmap add unixgroup=UNIXグループ名 ntgroup=Sambaグループ名 [comment="コメント"] type=local`

実行例を次に示します。

```
# net groupmap add unixgroup=project1 ntgroup="Project 1" comment="Group for Project 1" 
type=local
No rid or sid specified, choosing a RID
Got RID 1003
Successfully added group Project 1 to the mapping db as a alias (local) group
```

既存のSambaグループのグループ名やコメントを修正したい場合は、net groupmap modifyコマンドにより行います。書式はnet groupmap addコマンドに準じます。

現在登録されているグループの一覧はnet groupmap listコマンドで行います。書式を次に示します。

書式 `net groupmap list`

既にproject1というUNIXグループに対応する「Project 1」という名前のSambaグループが作成されている環境での実行例を次に示します。

```
# net groupmap list
Project 1 (S-1-5-21-1990953734-4009143849-193910878-1003) -> project1
```

この状態で先ほどの「ユーザーまたはグループの選択画面」を表示させると、今度は図3-3-7のようにProject 1というSambaグループが選択画面に表示されます。

図3-3-7 「ユーザーまたはグループの選択画面」における一覧表示

　この状態で、**図3-3-4**と同じ画面を表示させたものを**図3-3-8**に示します。比較すると、グループ名が「Unix Group¥project1」といった名称から「CENTOS70¥Project 1」という表示に変わっていることが確認できます。

3-3 ACLによる詳細なアクセス制御の設定

図3-3-8 Sambaグループを作成した環境における表示

表示が「Unix Group¥project1」から「CENTOS70¥Project 1」に変わっている

いったん作成したSambaグループを削除するには、net groupmap deleteコマンドを使用します。

書式 `net groupmap delete ntgroup=Sambaグループ名`

実行例を次に示します。

```
# net groupmap delete ntgroup="Project 1"
Sucessfully removed Project 1 from the mapping db
```

● UNIXのACLとWindowsのアクセス許可の対応づけ

前述したようにUNIXのACLは伝統的なパーミッションと同様、読み取り（R）、書き込み（W）、実行（X）の3種類のパーミッションを各種ユーザやグループに割り当てることでアクセス制御を行います。

一方Windowsのアクセス許可では、通常5種類（フォルダの場合は6種類）のアクセス許可でアクセス制御を行いますが、実際には20種類以上もの詳細なアクセス許可が用意されており、**図3-3-4**の「詳細設定」ボタンから詳細なアクセス許可を個別に設定することもできます。

このため、Sambaでは**表3-3-2**および**表3-3-3**に従ってこれらの間のマッピングを行っています。

表3-3-2 アクセス許可からパーミッションへのマッピング

アクセス許可	パーミッション
フルコントロール	rwx（注1）
変更	rwx（注1）
読み取りと実行	r-x
読み取り	r--
フォルダ内容の一覧表示（注2）	対応なし（注3）
書き込み	-w-

※注1）acl map full controlパラメータも参照のこと
※注2）フォルダのみに存在するアクセス許可
※注3）設定した場合、特殊なアクセス許可として表示される

表3-3-3 パーミッションからアクセス許可へのマッピング（注1）

パーミッション＼アクセス許可	フルコントロール	変更	読み取りと実行	フォルダー内容の一覧表示	読み取り	書き込み	特殊なアクセス許可
rwx	○（注2）	○	○	○	○	○	
r-x			○	○	○		
rw-					○	○	
-wx						○	○
r--					○		
-w-						○	○
--x							○

※注1）フォルダの場合、ACLとデフォルトACLが一致していない場合は、常に特殊なアクセス許可として表示されます。
※注2）acl map full controlパラメータも参照のこと

COLUMN　詳細なアクセス許可とのマッピング

　本文で説明したとおり、Windowsのアクセス許可は、実際には20以上ある詳細なアクセス許可の集合体として定義されています。この対応づけを**表3-3-4**に示します。

表3-3-4 パーミッションから詳細なアクセス許可への対応づけ

パーミッション	対応するアクセス許可	対応する詳細なアクセス許可
r	読み取り（R）	フォルダの一覧／データの読み取り|属性の読み取り|拡張属性の読み取り|アクセス許可の読み取り|SYNCHRONIZE
w	書き込み（W）	ファイルの作成／データの書き込み|フォルダの作成／データの追加|属性の書き込み|拡張属性の書き込み|アクセス許可の読み取り|SYNCHRONIZE
x	実行（X）	フォルダのスキャン／ファイルの実行|アクセス許可の読み取り|SYNCHRONIZE
なし	なし	なし

　Windowsクライアントで詳細なアクセス許可単位にアクセス許可を細かく設定した場合、各

パーミッションに対応する詳細なアクセス許可のいずれか1つを有効にすれば、Sambaは対応するパーミッションを設定します。再度Windowsクライアントからアクセス許可を参照すると、対応するパーミッションに対応づけられたすべての詳細なアクセス許可が設定された形で表示されます。

● パーミッションrwxの対応づけ

パーミッションがrwxの場合、デフォルトの設定ではWindowsクライアントから「フルコントロール」として表示されます。ただし、これは表示上の便宜的なもので、NTFSではフルコントロール権限を持っていると可能な所有権の取得などの特殊な操作ができるわけではありません。

この点が気になる場合は、「acl map full control = no」を設定することで、パーミッションが「rwx」となっているファイルやディレクトリのアクセス許可から「フルコントロール」が削除されます。図3-3-3の設定を行ったファイルのrootユーザのパーミッション（rwx）をWindowsクライアントから表示した際の差異を図3-3-9に示します。

図3-3-9 acl map full controlパラメータの影響

acl map full control = yes（デフォルト）　　　　acl map full control = no
※左の図では「フルコントロール」にチェックがついていますが、右ではチェックがありません。

● 実行権ビットの扱い

パーミッションやACLの実行権ビット（x）は、アクセス許可においても「実行」に割り当てられています。そのため、実行権ビットが設定されていないEXEファイルなどの実行ファイルをWindowsクライアントから実行しようとしても実行は拒否されます。

139

ただし、Samba 3.6以前では、実行権ビットのチェックが行われていなかったため、例えばパーミッションが「rw-」となっているファイルでもWindowsクライアントから実行することができます。

移行中といった理由で以前のSambaの実装との互換性を維持する必要がある場合は「acl allow execute always = yes」を設定することで、実行権ビットのチェックを無視させることができます。

● WindowsクライアントからのACL操作機能の無効化

ここまで説明したように詳細なアクセス制御を実現するACLですが、NTFSのアクセス許可と完全な互換性がないこともあり、一般ユーザが不用意に操作して意図しない設定が行われてしまうリスクも否めません。このため、WindowsクライアントからACLの操作を行う予定がない場合は、この機能を無効としておくことをお勧めします。

共有単位に次の設定を行うことで、アクセス許可の操作を経由したACLの操作機能が無効となります。

```
nt acl support = no
```

これにより、図3-3-10のように「セキュリティ」タブも表示されなくなります。結果として一般ユーザが現在のアクセス許可の設定を参照することもできなくなりますので、注意してください。なお、この設定はWindowsクライアントからのACLの操作を無効化するだけですので、ファイルアクセスの際は引き続きACLの設定が参照されます。

図3-3-10 ACL操作機能の無効化

ACLの活用

ここまで説明したACLを活用することで、SambaにおいてもWindowsと同様の柔軟性のあるアクセス制御を行うことが可能です。ただし、UNIXとWindowsのアクセス制御が完全互換ではないため、柔軟なアクセス制御を行う上ではどうしてもUNIXのACLの存在を意識する必要が発生してしまいます。

そのため、ここでは一般ユーザがUNIXのACLの存在をあまり意識する必要がない範囲でACLの特徴を活かした設定例を紹介します。

◉一般ユーザのACL変更を禁止する共有

常に上位ディレクトリのACL設定を継承することにより、一般ユーザのACL変更を禁止し、共有内のファイルすべてに同一のACLが割り当てられるようにする共有の設定例を**リスト3-3-1**に示します。

リスト3-3-1 一般ユーザのACL変更を禁止する共有の設定例

```
[aclshare1]
  path = /var/lib/samba/shares/aclshare1
  writeable = yes

  ; パーミッション関連設定
  inherit owner = yes
  inherit permissions = yes
  force group = root注2

  ; 所有者以外によるファイルのパーミッションやACLの変更を禁止する
  (dos filemode = no)

  ; rwx の表示をフルコントロールにしない
  acl map full control = no

  ; 実行権ビットのチェックをバイパスする
  acl allow execute always = yes

  ; ファイル属性を拡張属性に保存する
  store dos attributes = yes
  map archive = no
```

ファイル属性に関する設定は必須ではありませんが、この設定を行わない場合、読み取り専用属性と所有者の読み取り権ビットが連動することにより想定外の動作が発生する可能性があるため、この設定を行うことを強く推奨します。

上記の設定を行った上で共有のトップとなるディレクトリ（上記の例では/var/lib/samba/shares/aclshare1）に、例えば次のような設定を行います。

注2 　FreeBSDの場合は「force group = wheel」を指定します。

第3章 究極のファイルサーバを作ろう！ Sambaの応用設定（1）：ファイルサーバ編

```
# mkdir /var/lib/samba/shares/aclshare1
# chown root:root /var/lib/samba/shares/aclshare1
# chmod 770 /var/lib/samba/shares/aclshare1        ← パーミッションを設定
# setfacl    -d -m u::rwx,g::rwx,o::---  /var/lib/samba/shares/aclshare1
↑上記に対応するデフォルトACLを設定
# setfacl    -m group:aclshare1rw:rwx /var/lib/samba/shares/aclshare1
↑aclshare1rwグループに対する書き込み権を設定
# setfacl -d -m group:aclshare1rw:rwx /var/lib/samba/shares/aclshare1
↑上記に対応するデフォルトACLを設定
# setfacl    -m group:aclshare1ro:r-x /var/lib/samba/shares/aclshare1
↑aclshare1roグループに対する読み取り権を設定
# setfacl -d -m group:aclshare1ro:r-x /var/lib/samba/shares/aclshare1
↑上記に対応するデフォルトACLを設定
```

※FreeBSDの場合はchown root:rootの代わりにchown root:wheelを指定します。

/var/lib/samba/shares/aclshare1にはroot（wheel）グループの書き込みパーミッションを付与しないとACLの設定にかかわらず書き込みが失敗します。同様に読み取りと実行パーミッションがないと共有内に入ることができません。

　setfaclコマンドによるACLの設定は要件に応じて適宜行ってください。この設定を行うと、共有のトップに対してはrootを除くとaclshare1rwグループが読み書き可能（rwx）、aclshare1roグループが読み取り可能（r-x）なパーミッションが設定されます。共有内に作成するファイルのACLを適切に設定するために、デフォルトACLの設定を行うことを忘れないようにしてください。

　ファイルに書き込み権のあるユーザのパーミッションやACL変更を許可するdos filemodeパラメータの値がデフォルトのnoのままであるため、所有者のroot以外がACLの設定を変更することはできません。これにより、Windowsクライアントからの一般ユーザによるACL設定の変更を抑止しています。そのため、aclshare1rwおよびaclshare1roグループに対応するSambaグループの作成は不要です。

　共有内に新たにファイルやディレクトリを作成した場合、「inherit owner = yes」の設定により、ファイルの所有者が上位ディレクトリの所有者であるrootに設定されます。同じく「force group = root」の設定によりファイルの所有グループが常にrootに設定されます。rootグループに一般ユーザを所属させないようにすることで、パーミッションの設定であるファイルの所有者や所有グループがファイルへのアクセス可否に影響を及ぼさないようになります。

　共有内に作成したファイルやディレクトリには、デフォルトACLで設定されたaclshare1rwとaclshare1roグループに対するパーミッションがそのまま設定されます。この環境で一般ユーザが作成したディレクトリのACLを次に示します。

```
$ getfacl dir1/
# file: dir1/
# owner: root
# group: root
user::rwx
group::rwx
```

```
group:aclshare1rw:rwx
group:aclshare1ro:r-x
mask::rwx
other::---
default:user::rwx
default:group::rwx
default:group:aclshare1rw:rwx
default:group:aclshare1ro:r-x
default:mask::rwx
default:other::---
```

※上位の設定がそのまま継承されていることが確認できます。

　Windowsサーバのファイル共有でも、一般ユーザにはアクセス許可を変更可能な「フルコントロール」権限は与えず、共有内のすべてのファイルやフォルダに共有トップのフォルダのアクセス許可を引き継がせる運用が一般的だと思います。この設定はそれに相当するものだと考えてよいでしょう。

> **Note**
> 共有のACLを活用したり、「valid users」「read only = no」「write lists」パラメータを組み合わせることで、ファイルシステムのACLを用いない場合も同様の設定を行うことは可能です。

● ファイル所有者以外によるパーミッションやACLの操作を制御する

　Windowsでは「アクセス許可の変更」という詳細なアクセス許可が存在しています。「フルコントロール」にはこのアクセス許可が含まれているため、アクセス許可の変更ができますが、「変更」には含まれていないため、ファイル内容の修正や削除はできても、アクセス許可の変更はできないといった動作になります。

　一方UNIXでファイルのパーミッションやACLを変更できるのは、rootもしくはファイルの所有者だけとなっているため、所有者（もしくはroot）でないファイルについて、Windowsクライアントからアクセス許可の操作を行ってもACLの変更に失敗します。

　この挙動の差異を埋めるため、Sambaにはdos filemodeというパラメータが用意されています。

　リスト3-3-1で「dos filemode = yes」を設定することで、ファイルに対する書き込み権があるユーザによるファイルのパーミッションやACLの変更が可能となります。

 この設定を行った場合、書き込みできるユーザはだれでもアクセス許可の変更が可能となります。Windowsのように書き込みはできるがアクセス許可の変更はできないという設定を行うことはできません。

　なお、Windowsクライアントからの操作でユーザやグループを追加できるようにするためには、前述したとおり該当のユーザやグループに対応するSambaユーザやSambaグループの作成が必要ですので、留意してください。

　さらに「inherit owner = yes」を削除することで、ファイル（ディレクトリ）の作成

者がファイル所有者になるように設定することも可能です。

所有者の変更ができない[注3]、ファイルに書き込み可能なユーザは誰でもアクセス許可の変更操作によりACLを変更できる、拒否ACLを設定できないといった細かい点がNTFSとは異なりますが、類似した運用を行うことが可能になります。

 筆者が確認した限り、WindowsクライアントからACLの変更操作を行うと、パーミッションで設定されているユーザやグループの情報がACLのエントリとして作成されます。例えば先ほどのdir1ディレクトリに対してACLを追加し、直後に削除して元の設定に戻した際のACLの設定を次に示します。

```
$ getfacl dir1/
# file: dir1/
# owner: root
# group: root
user::rwx
user::root:rwx    ←追加されている
group::rwx
group::root:rwx
group:aclshare1rw:rwx
group:aclshare1ro:r-x
mask::rwx
other::---
default:user::rwx
default:user::root:rwx
default:group::rwx
default:group::root:rwx    ←追加されている
default:group:aclshare1rw:rwx
default:group:aclshare1ro:r-x
default:mask::rwx
default:other::---
```

このように、パーミッションで定義されていたrootユーザやrootグループの設定に対応するACLのエントリが追加されていることが確認できます。

特に、「inherit owner = yes」を設定せず、ファイルやディレクトリの作成者がファイル所有者になる運用を行う場合は、意図せずファイル所有者や所有グループのACLが追加されるケースがありますので、運用には十分留意してください。

NTFS互換モジュールによるNTFS互換のアクセス許可のサポート

最近のSambaでは、acl_xattrというモジュールによりNTFS互換のアクセス許可によるアクセス制御がサポートされています。以下設定方法を説明します。このモジュールを使用するファイルシステムで拡張属性がサポートされている必要があります[注4]。

●共有の設定

NTFS互換のアクセス許可をサポートする共有の設定例を**リスト3-3-2**に示します。

注3 フリーソフトを使えば、Windowsクライアントから所有者を変更することはできます。
注4 acl_tdbモジュールを使用することで、アクセス許可の情報をTDBファイルに格納することでNTFS互換のアクセス許可をサポートする機能も用意されていますが、本書での説明は割愛します。

リスト3-3-2 NTFS互換のアクセス許可をサポートする共有

```
[aclshare2]
  path = /var/lib/samba/shares/aclshare2
  writeable = yes
  vfs objects = acl_xattr
  acl_xattr:ignore system acls = yes
```

acl_xattrモジュールを設定することで、NTFS互換のアクセス許可の拡張属性への格納と、格納されたアクセス許可によるアクセス制御がサポートされます。

「acl_xattr:ignore system acls = yes」を設定することで、アクセス制御の際にパーミッションやACLの設定が無視されます。この設定を行わない場合、ファイルへのアクセスの際には、NTFS互換のアクセス許可に加えてパーミッションやACLの設定も参照されますので、結果として互換性が失われてしまいます。

この設定を行った上で共有のトップとなるディレクトリ（上記の例では/var/lib/samba/shares/aclshare2）に、例えば次のような設定を行います。

```
# mkdir /var/lib/samba/shares/aclshare2
# chown monyo:root /var/lib/samba/shares/aclshare2
# chmod 700 /var/lib/samba/shares/aclshare2
```

共有の所有者には、最初にアクセス許可の設定を行う際に使用する管理ユーザを設定します。このユーザには、対応するSambaユーザを作成しておく必要があります。

●アクセス許可の初期設定

ついで、アクセス許可の初期設定を行います。管理ユーザ（ここではmonyo）としてSambaサーバにアクセスします。以降**図3-3-11**のように①共有一覧にアクセスして対象の共有を右クリックすると表示されるメニューからのプロパティを選び、②SYSTEMを選択して「編集」を押し、③「フルコントロール」にチェックをつけた上で、④「OK」を押します。警告画面が表示されますが、そのまま⑤「はい」を押してください。ついで同じように管理ユーザmonyoのアクセス許可も修正します。

図3-3-11 アクセス許可の初期設定

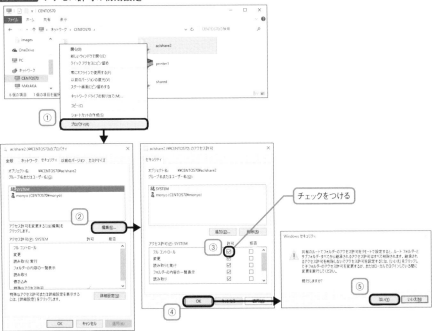

これにより、管理ユーザとSYSTEMのアクセス許可が「フルコントロール」となり、かつアクセス許可の継承といったNTFS固有の設定も適切に設定されます。

以降は、通常のWindowsサーバのファイル共有と同様に、アクセス許可の設定を行うことができます。通常は、何らかのグループに対する「変更」アクセス許可を追加することになるでしょう。

● アクセス許可の設定とUNIX上の設定

図3-3-12に、共有トップでaclshare2というグループに「変更」アクセス許可を設定した上で、共有直下に作成したfile1.txtとdir1というファイルおよびフォルダのアクセス許可を参照した際の画面を示します。

3-3 ACLによる詳細なアクセス制御の設定

図3-3-12 アクセス許可の継承

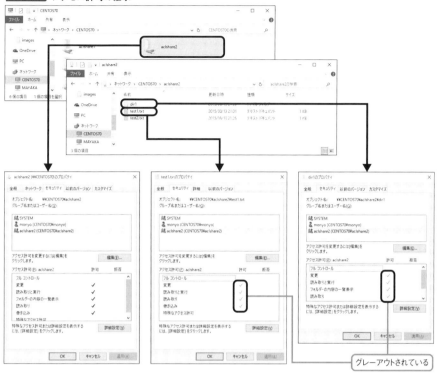

　test1.txtやdir1ディレクトリでは、アクセス許可がグレーアウトされており、上位からの継承であることが確認できます。また「変更」のアクセス許可が有効に機能しているため、この状態でaclshare2グループに所属するユーザは、test1.txtに書き込むことはできますが、アクセス許可を変更することはできません。

　この状態で、UNIX上でパーミッションやアクセス許可を参照した際の様子を次に示します。

```
$ ls -al
total 24
drwxrwx---+ 3 monyo root       49 Aug 13 21:26 .
drwxrwxr-x. 8 root  project1   90 Aug 13 20:43 ..
drwxrwx---+ 2 monyo monyo       6 Aug 13 21:20 dir1
-rwxrwx---+ 1 monyo monyo      15 Aug 13 21:31 test1.txt
-rwxrwx---+ 1 user1 group1      6 Aug 13 21:26 test2.txt

$ getfacl test1.txt
# file: test1.txt
# owner: monyo
# group: monyo
user::rwx
user:monyo:rwx
group::---
group:monyo:---
group:aclshare2:rwx
mask::rwx
other::---

$ getfacl dir1/
# file: dir1/
# owner: monyo
# group: monyo
user::rwx
user:monyo:rwx
group::---
group:monyo:---
group:aclshare2:rwx
mask::rwx
other::---
default:user::rwx
default:user:monyo:rwx
default:group::---
default:group:monyo:---
default:group:aclshare2:rwx
default:mask::rwx
default:other::---
```

　このように、パーミッションやACLについても、アクセス許可に準じてそれなりの設定が行われています。これらのパーミッションやACLの設定はUNIX上から修正しないようにしてください。

 ドキュメントを参照する限り、「acl_xattr:ignore system acls = yes」が設定されていれば、UNIX上のファイルシステムのアクセス制御は無効となるはずなのですが、筆者が確認した限り、UNIX上のパーミッションを直接操作してパーミッションを削除したファイルについては、アクセス許可の設定上はアクセス可能であるにも関わらず、アクセスが拒否されました。そのため、本文でも記述したとおり、現状ではパーミッションやACLの設定をUNIXから操作することは避けた方がよいと考えています。

第4章

SambaをActive Directoryドメインに参加させよう！

Sambaの応用設定（2）： Windows連携編

　前章まででファイルサーバとしての設定は一通り解説しました。よほど凝った設定をしない限り、スタンドアロンサーバとしては十分柔軟な設定が行えるはずです。

　本章ではSambaをActive Directory（AD）ドメインに参加させ、ADドメインの認証情報を活用してSambaサーバへのアクセスを認証させるための各種設定について説明します。

4-1

ADドメインへの参加

　ADドメインにSambaサーバを参加させることで、**図4-1-1**のようにSambaユーザの認証をSambaサーバ上の認証データベースではなく、ADドメインに格納されているユーザの認証情報で行うことができます。

> **Note**
> ADドメインの概念や用語の定義については、**5章**冒頭の説明を参照してください。

図4-1-1 ADドメインへの認証統合

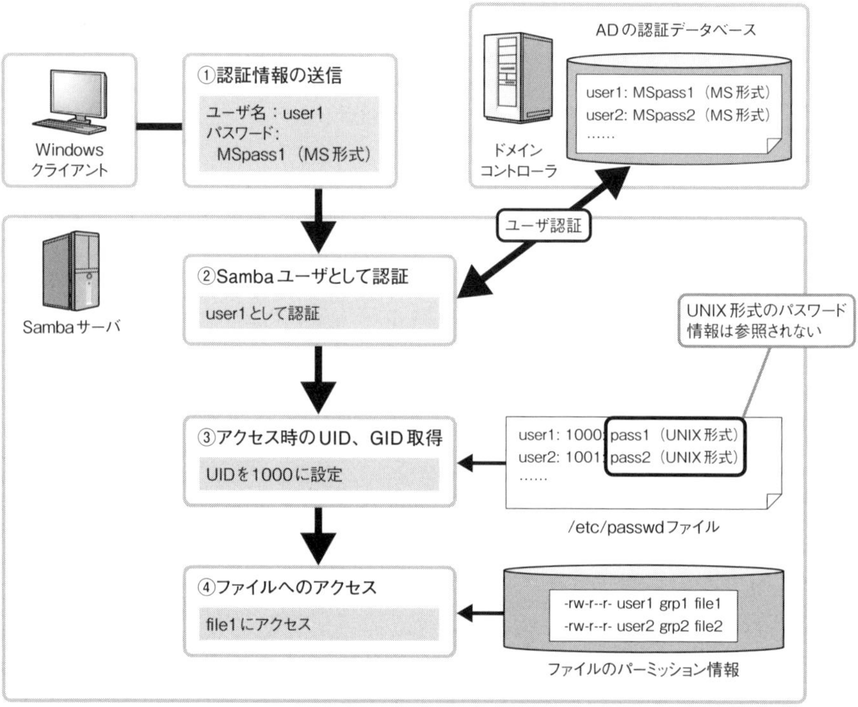

- ADの認証データベース
  - user1: MSpass1（MS形式）
  - user2: MSpass2（MS形式）
  - ……
- ドメインコントローラ
- Windowsクライアント
- Sambaサーバ

①認証情報の送信
　ユーザ名：user1
　パスワード：MSpass1（MS形式）

②Sambaユーザとして認証
　user1として認証
　　ユーザ認証

③アクセス時のUID、GID取得
　UIDを1000に設定
　　user1: 1000 : pass1（UNIX形式）
　　user2: 1001 : pass2（UNIX形式）
　　……
　　/etc/passwdファイル
　　UNIX形式のパスワード情報は参照されない

④ファイルへのアクセス
　file1にアクセス
　　-rw-r--r-- user1 grp1 file1
　　-rw-r--r-- user2 grp2 file2
　　ファイルのパーミッション情報

プラットフォームの前提条件

Active Directoryに参加するためには、SambaがActive Directory参加機能[注1]を有効にしてビルドされている必要があります。

CentOSやUbuntu Serverでは、かなり以前からActive Directory参加機能が有効になっています。FreeBSDについてもsamba4パッケージ以降（Samba4以降）ではこの機能が有効になっているため、現状では問題ありません[注2]。

参加するADドメインについては、基本的にはどのプラットフォームで構築したADドメインに対しても参加できます。ドメインやフォレストには互換性を示す機能レベルという概念がありますが、DCのバージョンと同じく、本書で示す手順や設定について機能レベルに依存した差異はありません。

> Sambaのバージョンと ADドメインのバージョンが極端に離れている場合は、参加に問題が発生することもありえます。たとえば筆者が確認した限り、Samba 3.0系列を Windows Server 2008で構築した ADドメインに参加させることはできませんでした。

ADドメインへの参加手順

以下、IPアドレスが192.168.0.10のドメインコントローラ（DC）が存在するADDOM1.AD.LOCAL（NetBIOS名はADDOM1）というADドメインにSambaサーバを参加させる場合を例に具体的な設定を示します。

Note
本書執筆に際しては、Windows Server 2012 R2で構築したDCを使用して確認を行っています。ただし、基本的に本章で示す手順や設定は、**5章**で説明するSambaで構築したDCを含む、どのバージョンのDCに対しても同一です。

■(1) ADドメイン参加の事前設定

後述するとおり、ファイルサーバとして機能させる上では、通常Sambaサーバの名前がDNSで正しく解決されることが必要です。このため、ADドメインに参加させるSambaサーバではIPアドレスを固定で割り当てることを推奨します[注3]。

ADドメインの認証方式であるKerberos認証が機能する上では、ADのドメインコントローラ（DC）との時刻のずれをデフォルトで常時5分以内に収める必要があります。

注1　具体的にはconfigureの --with-ads オプションになります。
注2　samba36パッケージ以前でActive Directory参加機能を有効にするには、PortsのSambaを導入し、「Active Directory support」を有効にしてビルドする必要があります。ビルドに際しては、LDAPやKerberosのライブラリも必要です。
注3　割り当て方法自体はDHCPでもかまいませんが、アドレスの予約を行い必ず同じIPアドレスが割り当てられるようにしてください。

WindowsクライアントのデフォルトのではNTPを用いてNTPサーバ[注4]でもあるDCと時刻同期しますが、NTPの使用が必須ではありません。Sambaでは、次のようにSambaの一部であるnetコマンドを使用して時刻を同期することもできます。

```
# net time set -S 192.168.0.10
                    ↑
                    DCのIPアドレスやホスト名を指定
```

上記コマンドをcronなどで定期的に実行させることで、NTPを使用せずに時刻同期を維持することもできます。

さらに、参加するADドメインのゾーンの名前解決ができるように/etc/resolv.confを適切に設定します。設定例を次に示します。

```
search addom1.ad.local
nameserver 192.168.0.10
```

適切に設定されている場合は、次のようにActive Directory特有のSRVレコードの検索が成功するはずです。

```
$ host -t SRV _ldap._tcp.pdc._msdcs.addom1.ad.local.
_ldap._tcp.pdc._msdcs.addom1.ad.local has SRV record 0 100 389 win2k12r2dc01.addom1.ad.local.
```

さらにAD参加後に自身の名前解決ができるよう、/etc/hostsファイルに次のような行を追加しておきます[注5]。

```
192.168.0.21 centos70.addom1.ad.local centos70
```

(2) Sambaデーモンの停止

ADドメインへの参加を行う際にはSambaサーバが停止している必要があります。1章で解説した手順に従ってSambaサーバを停止させます。

(3) smb.confの設定

smb.confにリスト4-1-1の設定を行います。realmパラメータの値は、必ず大文字で指定します。

リスト4-1-1 smb.confの設定

```
[global]
    workgroup = ADDOM1      ←短いADドメイン名（ADのNetBIOS名）
    realm = ADDOM1.AD.LOCAL ←ADのFQDN名（大文字）
    security = ads
    ldap ssl = no[注6]
```

注4 Windows 2000 ServerはNTPサーバではなく、SNTPサーバとして機能します。
注5 この設定を行わない場合、DNSの動的更新に失敗して、net ads joinコマンド実行時にエラーが発生します。
注6 Samba 3.3.0のみ「ldap ssl = no」の設定も必要です。

> **Note**
>
> CentOSでは次のコマンドを実行することで上記の設定を行うことも可能です。
>
> ```
> # authconfig --smbsecurity=ads --smbrealm=ADDOM1.AD.LOCAL --smbworkgroup=ADDOM1 --update
> ```
>
> コマンドを実行するとsmb.confが自動的に編集され、次のように「#--authconfig--start-line--」行と「#--authconfig--end-line--」で囲まれた中にauthconfigコマンドの設定が反映されます。
>
> ```
> [global]
> #--authconfig--start-line--
>
> # Generated by authconfig on 2015/08/14 11:03:14
> # DO NOT EDIT THIS SECTION (delimited by --start-line--/--end-line--)
> # Any modification may be deleted or altered by authconfig in future
>
>     workgroup = ADDOM1
>     realm = ADDOM1.AD.LOCAL
>     security = ads
>     idmap config * : range = 16777216-33554431
>     template shell = /bin/false
>     kerberos method = secrets only
>     winbind use default domain = false
>     winbind offline logon = false
>
> #--authconfig--end-line--
>     netbios name = centos70
> (以下略)
> ```
>
> なお、authconfigコマンドでsmb.confの設定を行う際には、事前にsmb.confファイルのバックアップを取得したうえで、意図しない変更が行われていないか必ず確認することをお勧めします。

■(4) ADへの参加

ここまでの準備が整ったら、次のようにnet ads joinコマンドを実行してADドメインへの参加を行います。

```
# net ads join -U Administrator      ← ADにコンピュータを追加する権限を持ったユーザを指定
Using short domain name -- ADDOM1
Joined 'CENTOS70' to dns domain 'ADDOM1.AD.LOCAL'
```

書式 net ads join -U ユーザ名 [createcomputer=OU名] [osName=OS名] [osVer=バージョン文字列]

net ads joinコマンドの-Uオプションには、AdministratorなどADドメインにコン

ピュータを追加する権限を持ったユーザを指定します。「Joined...」から始まる行が出力されたら、ドメインへの参加は成功です。

なお、自身のホスト名の名前解決ができない場合は、「Joined...」メッセージに引き続き、次のように自身のホスト名の動的更新に失敗した旨の表示が行われます。

```
No DNS domain configured for centos70. Unable to perform DNS Update.
DNS update failed: NT_STATUS_INVALID_PARAMETER
```

ADドメインの機能上、クライアントであるSambaサーバの名前解決ができなくても支障はありません。ただし、Sambaサーバの名前解決ができないため、Windowsクライアントからアクセスする際に名前でアクセスできないといった問題が発生しますので、基本的には「(1) ADドメイン参加の事前設定」で説明したとおり、/etc/hostsファイルなどで自身の名前が正しく解決できるように設定しておくことを強く推奨します。

ADドメインへの参加に成功すると、図4-1-2のようにComputersコンテナにコンピュータ(コンピュータアカウント)が生成され、net ads joinコマンド実行時にosNameおよびosVerオプションを指定した場合は、「オペレーティング システム」タブにその内容が反映されます。

図4-1-2 Active Directoryユーザとコンピュータ上からの確認

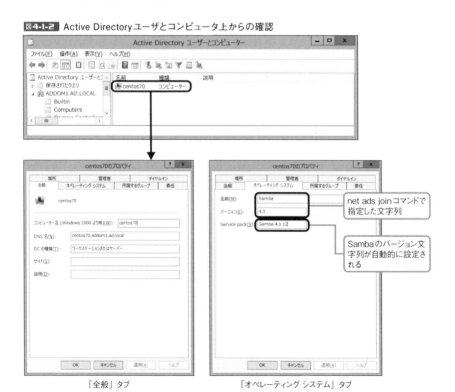

「全般」タブ　　　　　「オペレーティング システム」タブ

Computersコンテナ以外の場所に作成したい場合は、createcomputerオプションを指定することで、任意のOUに作成することもできます。

> **COLUMN** Active Directoryへの参加とKerberosの設定
>
> インターネット上の情報を見ると、SambaがADドメインに参加するに際して/etc/krb5.confファイルを適切に設定する必要があるという記述があちこちに存在します。
>
> しかし、本書執筆に際して筆者が自身の検証環境で確認した限り、Kerberos関連の設定を明示的に行う必要はないというのが現時点での結論です。そのため、本文でもKerberos関連の設定を手順に含めていません。
>
> ただし、筆者も以前のSambaではkrb5.confの設定を行わないとADドメイン参加に失敗するケースもあった記憶があります。そのため、コラムとしてKerberos関連の設定について説明します。必要に応じて**リスト4-1-2**の設定を、通常/etc/krb5.confに存在する設定ファイルに行ってください。
>
> 基本的には、[realms]セクションと[domain_realm]セクションに、各々**リスト4-1-2**のような設定を行うことで機能するようになるはずです。Kerberosのレルム名（ここではADDOM1.AD.LOCAL）は、基本的に必ず大文字で指定する必要がありますので注意してください。
>
> 「kdc=」に続いてDCのアドレスを設定します。これはDCを特定できる名前であれば何でもよく、IPアドレスでもかまいません。デフォルトのレルム名や使用する暗号化形式については、SambaがADドメイン参加に失敗する際に適宜設定を行って事象が改善するかを確認する設定として使用してください。
>
> **リスト4-1-2** /etc/krb5.confへの設定
>
> ```
> [libdefaults]
>         # デフォルトのレルム名
>         default_realm = ADDOM1.AD.LOCAL
>
>         # 使用する暗号化形式の設定
>         default_tgs_enctypes = RC4-HMAC DES-CBC-CRC DES-CBC-MD5
>         default_tkt_enctypes = RC4-HMAC DES-CBC-CRC DES-CBC-MD5
>         preferred_enctypes   = RC4-HMAC DES-CBC-CRC DES-CBC-MD5
>
> [realms]
>   # ADDOM1.AD.LOCALレルムの設定
>   ADDOM1.AD.LOCAL = {
>     kdc = 192.168.0.10   ←DCのIPアドレスやホスト名
>   }
>
> [domain_realm]
>         .addom1.ad.local = ADDOM1.AD.LOCAL
>         addom1.ad.local = ADDOM1.AD.LOCAL
> ```

◉ (5) Sambaサーバの起動と動作確認

最後に、動作確認を行いましょう。

・① 試験用のファイル共有作成

Sambaサーバにファイル共有を作成します。たとえば**リスト4-1-1**の設定に加え、次のようにしてファイル共有を作成しておいてください。

```
[homes]
  writeable = yes
  browseable = no

[tmp]
  path = /tmp
  writeable = yes
```

・② 試験用ユーザの作成（ADドメイン）

ADドメインに試験用のユーザを作成します。ユーザ名とパスワードは何でもかまいません。

・③ 試験用ユーザの作成（Sambaサーバ）

ついでSambaサーバ上に動作検証用のUNIXユーザを作成します。このユーザはADドメインに存在するユーザと同じユーザ名にします。パスワードは設定しません。対応するSambaユーザも作成しません。

・④ Sambaサーバの起動

Sambaサーバを起動します。

・⑤ Windowsクライアントにログオン

ADドメインに参加しているWindowsクライアントに、先ほどADドメインに作成した試験用のユーザとしてログオンします。

・⑥ Sambaサーバにアクセス

ここで、「¥¥Sambaサーバ名」のようにしてSambaサーバにアクセスします。Sambaサーバがドメインに正しく参加できていれば、ユーザ名とパスワードを聞かれることなく、該当のユーザとしてSambaサーバにアクセスでき、tmp共有内を参照できるはずです[注7]。

このように、Sambaサーバをドメインに参加させることで、同じドメインに参加し

注7 ホームディレクトリの実体が存在しないため、ホームディレクトリへのアクセスは失敗します。またSELinuxが有効な場合、適切なラベルを設定しないとtmp共有へのアクセスが失敗するケースがあります。

ているWindowsクライアントからは、毎回ユーザ名とパスワードを聞かれることがなくなり、ADドメインとの認証統合が実現します。

なお、認証統合によりSambaユーザの作成は不要になりますが、Sambaユーザに対応するUNIXユーザについては依然として手作業で作成する必要があるため、認証統合を行っただけでは、管理上の負荷はあまり変わりません。

ADドメイン参加のトラブルシューティング

ADドメインへの参加に失敗するパターンはいくつかあります。以下に代表的なケースを示します。

◉ 時刻同期のずれ

ありがちなのは、以下のように「Clock skew too great」といったメッセージが表示されるケースです。

```
# net ads join -U Administrator
[2010/01/13 11:29:06, 0] libsmb/cliconnect.c:cli_session_setup_spnego(859)
  Kinit failed: Clock skew too great
Failed to join domain: Time difference at domain controller
```

この場合はSambaサーバとDCとの時刻が同期されていないので、前述したように時刻の同期を行ったうえで再度ドメイン参加を試行してください。

◉ Kerberos関連のトラブル

次のように「Failed to set servicePrincipalNames」というメッセージが表示される場合があります。

```
# net ads join -U Administrator%damesugi
Using short domain name -- ADDOM1
Failed to set servicePrincipalNames. Please ensure that
the DNS domain of this server matches the AD domain,
Or rejoin with using Domain Admin credentials.
```

この場合は、hostsファイルに設定を記述するなどして、Sambaサーバのホスト名とFQDNが正しく解決できるようにすると参加できる場合があります。

また次のように「Cannot resolve network address for KDC」というメッセージが表示される場合もあります。

```
# net ads join -U administrator
Password:[2009/03/08 18:52:46, 0] libsmb/cliconnect.c:cli_session_setup_spnego(785)
  Kinit failed: Cannot resolve network address for KDC in requested realm
Failed to join domain!
```

この場合は、前述したhostsファイルの設定もしくは、**リスト4-1-2**に示したkrb5.confで括弧書きで提示した設定のいくつかを行うことで、ドメインに参加できるようになるはずです。

そのほか、「client use spnego = no」を設定することでADドメインへの参加に成功したケースなどもあります。

これらの設定の必要性については、SambaやDCのバージョン、プラットフォームのデフォルト設定といった多くの要素に依存しているようで、網羅的な記述が難しい状態です。そのため、多少手当たりしだいといったやり方になってしまいますが、ADドメインへの参加で問題が発生して、原因がはっきりしない場合は、こうした設定を一通り試してみるといったアプローチがよいのではないかと考えています。

● その他のトラブルシューティング方法

どうしても解決できない場合は、次のように本来Sambaが内部的に実行しているkinitコマンドを実行して、Kerberos的に正しくログインできるかを確認してみるのもよいでしょう。たとえば時刻同期が行われていない場合にkinitコマンドでログインしようとすると以下のようなエラーが表示されますので、原因がはっきりします。

```
# kinit administrator@ADDOM1.AD.LOCAL
administrator@ADDOM1.AD.LOCAL's Password:   ←正しいパスワードを入力
kinit(v5): Clock skew too great while getting initial credentials
```

また、「net ads -d3 join」のようにログレベルを上げてドメイン参加を試行し、表示されたログの内容を精査することでも、解決の糸口がつかめるかもしれません。

UNIXユーザの自動作成

ここまでの設定でADドメインとの認証統合は実現できます。しかし、この状態ではUNIXユーザを作成する作業が依然として必要ですので、多数のADドメインのユーザがSambaサーバにアクセスするような環境ではかなり繁雑な作業が必要です。

add user scriptパラメータを活用することで、ADドメインのユーザがSambaサーバにアクセスした際にUNIXユーザを動的に作成することが可能となり、管理者の負担が大幅に減少します。

add user scriptパラメータの設定例を次に示します。%uというSamba変数は、追加するユーザ名を示します。

```
add user script = useradd -m -s /bin/false %u
```

> **Note**
>
> FreeBSDの場合は、次のように設定してください。
>
> add user script = pw useradd %u -m -s /bin/false

　ここでは、パラメータの値に直接ユーザの追加コマンドを設定していますが、シェルスクリプトを設定することで、複雑な処理を行うこともできます。

　このパラメータを設定した場合、先ほどの動作確認のようにSambaサーバでUNIXユーザを作成する作業は不要となります。ユーザがSambaサーバにアクセスした際に、対応するUNIXユーザが存在していなければ、add user scriptパラメータで指定したコマンドが実行され、UNIXユーザが作成されます。

　なお、一度作成したUNIXユーザはADドメイン上のユーザを削除しても削除されませんので、注意してください。

 筆者が確認した限り、SELinuxを有効にした環境ではこの設定は動作しませんでした[注8]。

COLUMN NTドメインへの参加

　SambaではWindows NT Serverで構築されたNTドメインやSambaで構築されたNTドメイン互換のドメイン（以下NTドメインと総称）への参加もサポートされています。Samba 4.0.0がリリースされるまでは、SambaをDCとする場合はNTドメイン以外の選択肢がなかったこともあり、最新版のSambaでもNTドメインは継続してサポートされています。

　NTドメインへの参加はADドメインへの参加とは異なる手順で実施します。

　以下、SAMBAPDCというコンピュータ名のDC兼WINSサーバが存在する、SAMBADOMというNTドメインにSambaサーバを参加させる場合を例にとって、具体的な設定を示します。

● (1) NTドメイン参加の事前設定

　NTドメインに参加する上では、最低限PDCおよびドメイン名のNetBIOS名の名前解決ができ、PDCと通信できる状態である必要があります。PDCと同一IPサブネットに存在していれば、これらは自動的に行われますが、別IPサブネットの場合はDNSとは別にNetBIOS名の名前解決を行う必要があります。これはLMHOSTSというファイルでもできますが、WINSによる名前解決が強く推奨されます。

　なお、ADドメインと異なり、NTドメインへの参加する際には、KerberosやLDAPなどの設定は不要です。

● (2) Sambaデーモンの停止

　Sambaドメインへの参加を行う際にはSambaデーモンが停止している必要があります。

注8 /var/lib/samba/scriptsに適切なラベルを付与して、その下にスクリプトを作成するなどいろいろ試したのですが、動作させることができませんでした。

◉(3) smb.confの設定変更

smb.confに**リスト4-1-3**のような設定を行います。

リスト 4-1-3 NTドメインへ参加させる設定例

```
[global]
  workgroup = SAMBADOM
  security = domain
  wins server = 192.168.0.20
  ...
```

NTドメインに参加させる場合、「security = domain」を設定したうえで、workgroupパラメータの値として、必ず参加したいNTドメインのドメイン名を指定する必要があります。WINSサーバの設定は必須ではありませんが、前述したように別IPサブネットの場合は、事実上指定が必須になります。

◉(4) NTドメインへの参加

ここまでの設定を行った上で、次のようにnet rpc joinコマンドを実行します。

```
# net rpc join -U administrator
Password: ← パスワード
Joined domain SAMBADOM.
```

書式 net rpc join -U ユーザ名

-Uに引き続いてWindowsドメインにコンピュータを追加させる際に用いるユーザを指定します。

 Sambaで構築したNTドメインでは、あらかじめコンピュータアカウントを自動で作成する設定を行っていない場合、事前にコンピュータアカウントを作成しておくなどの設定が必要です。

◉(5) Sambaサーバの起動と設定の確認、UNIXユーザの自動作成

Sambaサーバの起動と設定の確認については、ADドメインの場合と同様にして行います。UNIXユーザの自動作成についても同様です。

4-2 Winbind機構のインストールと基本設定

　Winbind機構とは、ADドメインに参加しているSambaサーバにおいて、ADドメインのユーザ情報に基づいてUNIXユーザの情報を自動生成し、NSS（Name Service Switch）機能により提供する機構です[注9]。これを実現するために、smbdやnmbdに加えてwinbinddというデーモンが新たに起動されます。

　Winbind機構により、前節で説明したUNIXユーザの手作業での作成やadd user scriptを使用した作成、削除といった作業が完全に不要となります。

Winbind機構の動作概要

　図4-2-1に図4-1-1と対比させる形でWinbind機構の動作概要を示します。

図4-2-1 Winbind 機構の動作概要

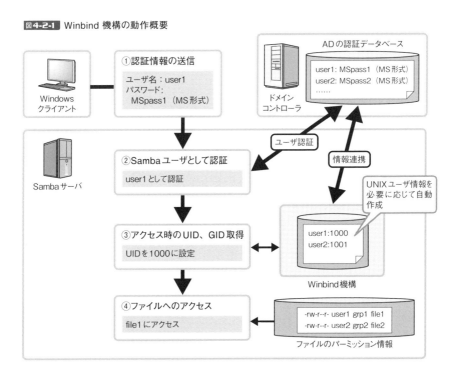

注9　従来のNTドメインに参加しているSambaサーバでもWinbind機構は動作します。本書執筆に際して基本的な機能が動作することは確認しています。

- ① まずは、Windows ユーザ名と、ユーザが入力したパスワードをWindows形式でハッシュ化したパスワード文字列の情報がSambaサーバに送付されます
- ② Sambaはこの情報をADのドメインコントローラ（DC）に転送します。DCは認証を行い、結果をSambaサーバに返却します
- ③ 認証に成功した場合、引き続きSambaはUID情報をWinbind機構に問い合わせます。Winbind機構は自身の管理下にあるUNIXユーザを検索し、作成済のUNIXユーザについてはその情報を返却し、未作成の場合はUNIXユーザを作成の上その情報を返却します
- ④ 最終的に生成されたLinuxユーザのUID情報を使ってSambaサーバ上の各ファイルにアクセスします。ファイルに適切なパーミッションなどが付与されてない場合、アクセスは拒否されます

　Winbind機構の実体であるwinbinddが必要に応じてUNIXユーザを自動作成するため、Sambaサーバ上で手作業でUNIXユーザを管理する必要がなくなります。また、Winbind機構はPAMのインターフェースも提供しているため、**4-3節**で解説するように、PAM経由で動作するsshやftpといったSamba以外のプロダクトからADドメインの認証情報を使用することもできるようになります。

　なお、Winbind機構で作成されたユーザはWinbind機構独自のデータベースに格納され、必要に応じてNSS機構により提供されます。/etc/passwdファイルなどには格納されません。

> **Note**
> 　Winbind機構はSambaの中でも開発が重点的に行われておりバージョンによる差異も大きい機構です。本書では基本的にSamba 4.0.0以降を対象として説明を行い、おおむねSamba 3.5.0以降のバージョンについては適宜補足を行う形で説明を行います。それ以前のバージョンのSamba固有のパラメータや設定については、説明を省略しています。

Winbind機構のインストールとプラットフォームの前提条件

　Winbind機構を適切に動作させる上ではプラットフォームの各種設定ファイルの修正が必要です。そのため、ここでは1章に補足する形で、各プラットフォームごとにインストールやプラットフォームの設定に関する留意点を説明します。

● CentOS

　以下、CentOS 7固有のインストール、設定に関する注意点について説明します。

- パッケージのインストール

　CentOS 7ではWinbind機構がsamba-winbindとsamba-winbind-clientsというSamba本体とは別のパッケージで提供されています。samba-winbind-clientsには、後述する

wbinfoコマンドなどWinbind機構の管理に必須のコマンドが含まれていますので、次のようにして両方のパッケージをインストールします。

```
# yum install samba-winbind samba-winbind-clients
```

・自動起動の設定とNSSの設定

次のコマンドを実行することで、NSSの設定ファイル（/etc/nsswitch.conf）が適切に修正され、winbinddが起動されるとともに自動起動の設定も行われます[注10]。

```
# authconfig --enablewinbind --update
```

設定ファイルを手作業で修正する場合は、Ubuntu Serverの説明を参考に/etc/nsswitch.confファイルを適切に修正してください。

・プロセスの起動・停止

Winbind機構を司るwinbinddについては、1章で説明したsmbやnmbとは別のサービスという扱いになっています。たとえばwinbinddプロセスの再起動を行いたい場合は、次のようにwinbindというサービスを指定して行います。

```
# systemctl restart winbind
```

● Ubuntu Server

以下、Ubuntu Server固有のインストールに関する注意点について説明します。

・パッケージのインストール

Ubuntu Server 14.04LTSでは、Winbind機構がwinbindというSamba本体とは別のパッケージで提供されています。winbindパッケージをインストールすると、winbinddが自動的に起動されるとともに自動起動の設定も行われます。

・NSSの設定

パッケージのインストール後に/etc/nsswitch.confファイルに対して、次のようにpasswdとgroup行に「winbind」というキーワードを追加します。

```
passwd:         compat winbind
group:          compat winbind         ※下線部を追加
```

・プロセスの起動・停止

Winbind機構を司るwinbinddについては、1章で説明したsmbdやnmbdとは別のサービスという扱いになっています。たとえばwinbinddプロセスの再起動を行いたい

注10　無効にする場合は、--enablewinbindの代わりに--disablewinbindを指定します。

場合は、次のようにwinbind（winbinddではなく）というサービスを指定して行います。

```
# initctl restart winbind
```

● FreeBSD

FreeBSD 10固有のインストールに関する注意点について説明します。

・パッケージのインストール
FreeBSDでは追加のパッケージのインストールは不要です。

・NSSの設定
/etc/nsswitch.confファイルのpasswdとgroup行について次のように修正します[注11]。

```
group:          files winbind
passwd:         files winbind
```

・プロセスの起動・停止
FreeBSDでは、/etc/rc.confファイルに、

```
winbindd_enable="YES"
```

という設定を行うことでSambaサービスの一部としてwinbinddが自動起動するようになります。
ほかのFreeBSDのサービスと同様、次のようにすることで、プロセスの起動もできます。

```
# /usr/local/etc/rc.d/samba_server start
```

停止の場合はstartの代わりにstopを、再起動の場合はrestartを指定してください。

Winbind機構の基本設定

以降では、前述した**リスト4-1-1**の設定を行い、ADドメインへの参加が成功している環境を例にとって具体的な設定を示します。

●（1） smb.confの設定

最低限必要な設定として、先ほどの**リスト4-1-1**の設定に加えてglobalセクションに次のような設定を追加します。

```
idmap config * : range = 10000-19999
```

注11　もともと設定されているcompatというキーワードは削除してください。

このパラメータは、Winbind機構が作成したUNIXユーザに割り当てるUIDとGIDの範囲を指定します。

> **Note**
>
> CentOS 7でauthconfigコマンドを使って**リスト4-1-1**の設定を行った場合、上記設定はすでに行われています。UID、GIDの範囲を変更したい場合は次のようにしてコマンドを実行してください。
>
> `# authconfig --smbidmaprange=10000-19999 --update`

● (2) Sambaサーバ、Winbind機構の起動と動作確認

ここまでの設定を行ったら、プラットフォームの手順に従ってSambaサービスを(再)起動します。smbd、nmbdに続き、winbinddについても忘れずに起動してください。

起動したらwbinfoコマンドなどを使って動作確認を行います。CentOS 7での動作確認例を次に示します。

図4-2-2 Winbind機構の動作確認

```
# wbinfo -t   ← Winbind機構とADとの通信が行われているか。結果が「succeeded」となることを確認
checking the trust secret for domain ADDOM1 via RPC calls succeeded
# wbinfo -u   ←ユーザの一覧を列挙
ADDOM1\administrator
ADDOM1\guest
ADDOM1\support_388945a0
(中略)
# wbinfo -g   ←グループ一覧を列挙
ADDOM1\helpservicesgroup
ADDOM1\telnetclients
ADDOM1\domain computers
(省略)
# id addom1\\administrator   ←指定したユーザのUID、GID情報を表示
uid=10001(ADDOM1\administrator) gid=10000(ADDOM1\domain users)
groups=10000(ADDOM1\domain users),10001(ADDOM1\denied rodc password replication group),
10002(ADDOM1\adsyncadmins),10003(ADDOM1\enterprise admins),10004(ADDOM1\schema admins),
10005(ADDOM1\domain admins),10006(ADDOM1\group policy creator owners)
$ getent passwd 'ADDOM1\administrator'   ← 指定したユーザの詳細情報を参照
ADDOM1\administrator:*:10001:10000:administrator:/home/ADDOM1/administrator:/bin/false
```

UIDやGIDの値は、パラメータで設定した範囲の値が先頭から順に払い出されます。今回の例では10000から順に払い出されています。

● (3) Windowsクライアントからの動作確認

最後にWindowsクライアントから実際にアクセスしてみましょう。まずはADDOM1.AD.LOCALドメインに参加しているWindowsクライアントにADユーザとしてログオン

します。ここではaduser01というユーザとしてログオンしたものとします。

ログオン後に「¥¥centos70」のように入力してSambaサーバにアクセスしてみると、サーバの/etc/passwdにはユーザaduser01の設定がないにもかかわらずアクセスが成功します。ここまでの設定を順に行っている場合は図4-2-3のようにホームディレクトリとtmp共有が表示されます。

図4-2-3　Windowsマシンからのアクセス

tmp共有に何かファイルを作成してSambaサーバ上で参照すると、次のように明らかにWinbind機構が作成したユーザとして書き込みが行われていることが確認できます。

このとき、Sambaサーバ上でsmbstatusコマンドを実行すると、次のようにUsernameやGroupも「ドメイン名\ユーザ名」形式になっており、Winbind機構が作成したユーザでアクセスが行われていることを確認できます。

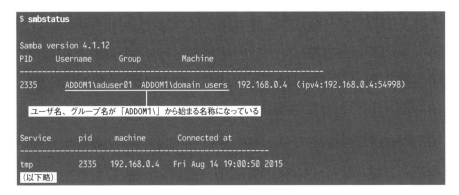

Winbind機構の作成するユーザ、グループ情報の設定

ここまでの設定により、WindowsクライアントからSambaサーバにアクセスする際にWinbind機構を使用するうえでの基本的な設定が完了しました。

以降では、Winbind機構が作成するユーザ、グループ情報をデフォルトから変更するための各種設定について説明します。

● ユーザ名の変更

デフォルトの設定の場合、Winbind機構により生成されたUNIXユーザ名やグループ名（以下ユーザ名と記載します）は、図4-2-2の実行例のように「ドメイン名\ユーザ名」形式になっています。これはWindowsの形式に準拠している半面、ユーザ名に含まれる「\」が操作を繁雑にしたり誤動作を引き起こしたりする原因になることもあると思います。

次のようにwinbind separatorパラメータを用いて区切り文字をデフォルトの「\」から「_」や「+」のような無難な文字に変更することで、こうしたリスクを避けることができます。

```
winbind separator = +
```

この設定を行った場合、図4-2-2で生成されるユーザ名は、たとえば「ADDOM1+aduser01」のようになります。そもそもドメイン名部分が冗長だという場合は、次の設定を行うことで、Winbind機構が生成するユーザ名からドメイン名部分を省いてしまうこともできます。

```
winbind use default domain = yes
```

この場合、図4-2-2で生成されるユーザ名は、たとえば「aduser01」のようになります。

また、Winbind機構が生成するユーザ名は、デフォルトでWindows側で定義されたとおりの大文字小文字や空白を含む名前で作成されます。「\」と同様、これらはUNIX上での操作を繁雑にする原因となります。次の設定により、Winbind機構が生成するユーザ名の大文字小文字をすべて小文字に統一し、空白文字を「_」に変換することができます。

```
winbind normalize names = yes
```

たとえば「Group 1」というグループ名は「group_1」のように変換されます。

CentOS 7ではwinbind separatorやwinbind use default domainパラメータは、次のようにauthconfigコマンドで設定することもできます。

```
# authconfig --winbindseparator=+ --enablewinbindusedefaultdomain --update
```

● ユーザ情報の変更

デフォルトの設定の場合、Winbind機構により生成されたUNIXユーザは、次のようになっています。

```
# getent passwd 'ADDOM1\aduser01'
ADDOM1\aduser01:*:10001:10000::/home/ADDOM1/aduser01:/bin/false
```

シェルとして/bin/falseという無効なものが指定されており、ホームディレクトリについては「/home/ドメイン名/ユーザ名」という形態になっています。

これらのデフォルト値を変更するためにtemplate shellとtemplate homedirパラメータが用意されています。たとえば、次の設定を行うことで、シェルが/bin/bashになりホームディレクトリのパスがドメイン名を含まないものに変更されます。

```
template shell = /bin/bash
template homedir = /home/%U
```

CentOS 7では次のようにautoconfigコマンドで設定を行うこともできます。

```
# authconfig --winbindtemplatehomedir=/home/%U --winbindtemplateshell=/bin/bash --update
```

上記の設定を行った環境における、Winbind機構で作成されたユーザ情報の表示例を次に示します。

```
# getent passwd 'ADDOM1\aduser01'
ADDOM1\aduser01:*:10001:10000::/home/aduser01:/bin/bash
```

template homedirパラメータの設定にあたっては、%D（ドメイン名）や%U（ユーザ名）といったSamba変数が有用です。

ホームディレクトリの自動作成

Winbind機構はUNIXユーザのホームディレクトリの作成には関与しません。そのためhomes共有を活用したい場合は、別途なんらかの方法で各ユーザのホームディレクトリを作成する必要があります。

次の設定のいずれかを行うことで、ホームディレクトリの自動作成を行うことができます。

・① pam_winbindモジュールのmkhomedirオプションを使用する
・② pam_mkhomedirモジュールと連携する

- ③ root preexecコマンドを用いて共有への接続時に接続先のパスが存在しなかったら自動で作成するようなスクリプトを作り込む

以下、順に説明を行います。

◉ pam_winbindモジュールのインストールと設定

Samba 3.3.0以降では、pam_winbindモジュールのオプションでホームディレクトリの自動作成を行う機能がサポートされています[注12]。

この機能は、CentOSの共用設定ファイルやUbuntu Serverの共用設定ファイル/etc/pam.d/common-session-noninteractiveのpam_winbind.soを含む行の末尾にmkhomedirというオプションを追加することで有効となります。

```
session     optional     pam_winbind.so mkhomedir
                                        ↑
                                        追加する
```

 これらのファイルに手作業で行った修正は**authconfig**や**pam-auth-update**といった設定ファイル編集コマンドを実行すると消去されてしまうため注意してください。

FreeBSDでは/etc/pam.d/sambaファイルを次のような内容で新規に作成します。

```
session     optional     pam_winbind.so mkhomedir
session     required     pam_permit.so
```

最後に、smb.confに「obey pam restrictions = yes」を設定し、Sambaサーバの認証処理の際にPAMの設定を参照するようにします。

この状態でADドメインに参加しているWindowsクライアントからSambaサーバが提供する自身のホームディレクトリのファイル共有にアクセスすると、ホームディレクトリが自動的に作成されてアクセスできることが確認できます。なお、ホームディレクトリは空の状態で作成されます。

 CentOSでSELinuxが有効な環境では、あらかじめ次のコマンドを実行しておく必要があります。

```
# setsebool samba_create_home_dirs on
```

◉ pam_mkhomedirモジュールのインストールと設定

CentOSやUbuntu Serverではホームディレクトリの自動作成機能を有するpam_mkhomedirというPAMモジュールが標準で用意されています。

注12　このモジュールはCentOSではsamba-winbind-modulesパッケージ、Ubuntu Serverではlibpam-winbindパッケージ、FreeBSDではsamba41、samba42といったsambaパッケージ本体に含まれています。

CentOSでは、次のコマンド、

```
# authconfig --enablemkhomedir --update
```

を実行することで、このモジュールが自動的に設定されます。なお、無効にする場合は、--enablemkhomedirの代わりに--disablemkhomedirを指定します。

Ubuntu Serverでは、共用設定ファイル/etc/pam.d/common-session-noninteractiveの末尾に次の行を追加してください。

```
session     optional        pam_mkhomedir.so
```

FreeBSDでpam_mkhomedirモジュールを用いるには、次のようにpam_mkhomedirパッケージを個別にインストールする必要があります。

```
# pkg install pam_mkhomedir
(中略)
You may want to add something like this to your /etc/pam.d/login
or /etc/pam.d/sshd ( when you've configured ssh with PAM )
file to use this module:

session     required        /usr/local/lib/pam_mkhomedir.so
```

インストール後に/etc/pam.d/sambaファイルを次のような内容で新規に作成します。

```
session     optional        /usr/local/lib/pam_mkhomedir.so
session     required        pam_permit.so
```

最後に、smb.confに「obey pam restrictions = yes」を設定し、SambaサーバーバのNAM処理の際にPAMの設定を参照するようにします。

この状態でADドメインに参加しているWindowsクライアントからSambaサーバが提供する自身のホームディレクトリのファイル共有にアクセスすると、ホームディレクトリが自動的に作成されてアクセスできることが確認できます。なお、ホームディレクトリはデフォルトで.bash_profileや.cshrcといった各種ドットファイルが作成された状態になっています。

> **Note**
>
> FreeBSDのpam_mkhomedirモジュールの場合、/homeの下にADDOM1というディレクトリが存在しない状況で、/home/ADDOM1/userというホームディレクトリを作成できないため、手作業で/home/ADDOM1ディレクトリを作成しておく必要があります。

pam_mkhomedirモジュールにはいくつかのオプションがあります。設定例を次に示します。

```
session   optional          pam_mkhomedir.so skel=/etc/skel umask=0022
```

「skel=」に続いて新しく作成するホームディレクトリにコピーするファイルを格納したディレクトリを指定します。デフォルトでは/etc/skelにおかれた各種ドットファイルがコピーされます。

またCentOSやUbuntu Serverの場合はumaskオプションにより作成するホームディレクトリのパーミッションを指定できます。たとえば755にしたい場合はumask=0022と指定します。

FreeBSDの場合はmodeオプションにより同様の設定ができます。たとえば755にしたい場合はmode=755と設定します。

sshなど別の機構でログインした際にもホームディレクトリの自動作成を有効にしたい場合は、追加の設定が必要なケースがあります。詳細は4-3節で説明します。

COLUMN　PAMの設定ファイル

PAMの設定ファイルは、/etc/pam.d/サービス名というパスに配置する必要があります。Sambaのサービス名はsambaのため、SambaでPAMの設定を行う場合は本来/etc/pam.d/sambaファイルに設定する必要があります。

一方CentOSやUbuntu Serverでは、各サービスの設定ファイルに個別に設定を行うのではなく、**表4-2-1**に示す共用設定ファイルに設定を行うことが推奨されています。このため特殊なサービスをのぞき、各サービスの設定ファイルでは共用設定ファイルを参照する設定が行われています。

表4-2-1 Sambaが参照する共用設定ファイルのパス

プラットフォーム	ファイル名
CentOS 7.X	なし（Noteを参照）
CentOS 6.X	/etc/pam.d/password-auth
CentOS 5.X以前	/etc/pam.d/system-auth
Ubuntu Server	/etc/pam.d/common-auth
	/etc/pam.d/common-account
	/etc/pam.d/common-session-noninteractive
FreeBSD	なし（/etc/pam.d/sambaファイルに個別に設定）

そのため、設定方法の説明では、共用設定ファイルを変更する手順を示しています。

> **Note**
>
> 　筆者が確認した限り、CentOS 7のsambaパッケージには/etc/pam.d/sambaファイルが同梱されていないというバグ？があります。このままではauthconfigコマンドなどで共用設定ファイルを変更しても、Sambaの動作にまったく反映されませんので、あらかじめ/etc/pam.d/sambaファイルを**リスト4-2-1**の内容で作成しておいてください。
>
> **リスト4-2-1** /etc/pam.d/samba ファイル
>
> ```
> auth        required    pam_nologin.so
> auth        include     password-auth
> account     include     password-auth
> session     include     password-auth
> password    include     password-auth
> ```
>
> 　これによりCentOS 6.Xと同じく、/etc/pam.d/password-authファイルを変更することでSambaの動作に反映されるようになります。

● root preexecパラメータによるホームディレクトリの自動作成と共有

　pam_winbindモジュールやpam_mkhomedirモジュールを使用する方法は簡便ですが、一部の環境ではうまく動作しないことがあります。またホームディレクトリの作成に際してカスタマイズが必要な要件には適していません。

　こうした場合は、**リスト4-2-2**のようなスクリプトを作成し、共有へのアクセス時にroot権限で自動実行されるroot preexecパラメータに指定するのがよいでしょう。設定例を次に示します。

```
[homes]
   ...
   root preexec = /var/lib/samba/scripts/smb-mkhomedir %U %D
```

　スクリプトのパスは任意ですが、ここでは/var/lib/samba/scriptsというパスにsmb-mkhomedirという名前で作成したと仮定しています。

リスト4-2-2 ホームディレクトリを自動作成するスクリプト例[注13]

```sh
#!/bin/sh

# ドメイン名のディレクトリがなければ作成
umask 022
if ! [ -d /home/${2} ]; then
  mkdir -p /home/${2}
fi
```

注13　後述するtemplate homedirパラメータなどでホームディレクトリのパスを変更している場合、このスクリプトもそれに応じて変更する必要があります。

```
# ホームディレクトリがなければ作成
if ! [ -d /home/${2}/${1} ]; then
  cp -pr /etc/skel /home/${2}/${1}
  chown -R ${2}¥¥${1} /home/${2}/${1}
  chmod 700 /home/${2}/${1}
fi
```

> **Note**
>
> CentOSのSELinux環境の場合、Sambaから起動するスクリプトは、必ず/var/lib/samba/scriptsというディレクトリ内に配置する必要があります。このディレクトリには、次のコマンドを実行して適切なラベルを付与してください。
>
> ```
> # restorecon -R -v /var/lib/samba/scripts
> ```
>
> また、スクリプトが/homeディレクトリ内に書き込めるようにするため、次の設定も行ってください。
>
> ```
> # setsebool samba_create_home_dirs on
> ```

アクセス制御の設定

Winbind機構が動作している環境でも、**3-1節**で説明した共有単位のアクセス制御や、**3-3節**で説明した詳細なアクセス制御を行うことができます。

以下、**3章**に補足する形でWinbind環境固有の事項について説明します。

● ホームディレクトリのアクセス制御

3-1節の**リスト3-1-5**で、ホームディレクトリのアクセスを自分自身だけに制限する設定として、

```
valid users = %S
```

という設定を紹介していますが、Winbind環境では通常ユーザ名と共有名が一致しないため、この設定を行うとホームディレクトリへアクセスができなくなります。制御が必要な場合は、ユーザ名に合致した値を設定するか、パーミッションやACLなどで制御してください。

● 共有単位のアクセス制御とADドメインのユーザ

3-1節で説明した共有単位のアクセス制御を行う各種パラメータの値として、ADドメインのユーザやグループを設定できます。たとえばADDOM1ドメインのaduser01ユーザのみをアクセス可能にしたい場合は、次のように設定します。

```
valid users = addom1\aduser01
```

ユーザ名の大文字小文字の区別はありません。前述したユーザ名を変更するパラメータの設定に応じて、上記で設定するユーザ名の記法も変わります。

UNIXグループの場合と同様、次の記法を用いることでグローバルグループによるアクセス制御もできます。

```
valid users = +"ADDOM1\Domain Users"
```

ユーザ名やグループ名に空白が含まれる場合は、上記のように両端を「"」で囲ってください。

 次のようにUNIXグループに直接ADドメインのユーザやグループを追加する設定はできません。

```
group1:x:1001:addom1\aduser01
```

● ファイル単位のアクセス制御

Winbind機構が作成したファイルやグループは、通常のUNIXユーザやグループと同様にしてファイルへのアクセス制御に使用できます。test.txtの所有者と所有グループをWinbind機構が作成したユーザやグループに変更する例を次に示します。

```
# ls -l
合計 0
-rw-r--r--. 1 root root 0  8月 12 14:22 test.txt
# chown addom1\\aduser01 test.txt
# chgrp 'ADDOM1\domain users' test.txt
# ls -l
合計 0
-rw-r--r--. 1 ADDOM1\aduser01 ADDOM1\domain users 0  8月 12 14:22 test.txt
```

Winbindで作成するユーザ名がデフォルトのままの場合、ユーザ名に「\」記号が含まれるため、「\\」のように記述するか、全体を「'」で囲むなどして対処してください。大文字小文字の区別は無視されるため、たとえばドメイン名部分を「addom1」と記述しても「ADDOM1」と記述してもかまいません。

表示の際は、必ずドメイン名部分は大文字に、ユーザ名やグループ名部分は小文字に正規化されます。

3-3節で説明したACLやNTFS互換のアクセス許可を有効にしている環境であれば、WindowsクライアントのアクセスＦ許可の設定画面からADドメインのユーザやグループに対するアクセス権を設定することもできます。

smb.confの設定例

ここまでの各種パラメータの設定例として筆者が実際に検証に用いたsmb.confファイルを**リスト4-2-3**に示します。これはあくまで一例です。ぜひ本書の内容を理解し、各パラメータの意味を把握したうえで適切な設定を行ってみてください。

リスト4-2-3 smb.confの設定例

```
# Samba全体の設定
[global]
  ; 文字コード関連の設定
  dos charset = CP932

  ; Microsoftネットワーク関連の設定
  netbios name = FILESV

  ; ADドメイン関連の設定
  workgroup = ADDOM1
  realm = ADDOM1.AD.LOCAL
  security = ads

  ; Winbind の基本設定
  idmap config * :range = 10000-19999

  ; Winbindで作成するユーザ名、ユーザ情報の制御
  winbind seperator = +
  winbind use default domain = yes
  winbind normalize names = yes
  template shell = /bin/bash
  template homedir = /home/%U

  ; Sambaの認証時にPAMの制約を有効にする(ホームディレクトリ自動作成のための設定)
  obey pam restrictions = yes

  ; エラーメッセージの抑止設定
  printcap name = /dev/null

# ホームディレクトリを共有する設定
[homes]
  browseable = no
  writeable = yes
  ; valid users = %Sは機能しないので注意
  ; ホームディレクトリの自動作成用設定
  root preexec = /var/lib/samba/scripts/smb-mkhomedir %U %D

# テスト用の共有
[tmp]
  path = /tmp
  writeable = yes
  ; ADドメインのユーザを使用したアクセス制御の設定例
  valid users = +"ADDOM1\Domain Users"
```

4-3

Winbind機構の応用設定

　ここまでの設定を行うことで、Winbind機構を用いたUNIXユーザの自動作成、削除とアクセス制御について基本的な設定は行えるようになりました。本節では、複数Sambaサーバ間でのUIDやGIDを統一する方法や、ローカルグループの活用、Winbind機構をSamba以外のプロダクトから使用する設定などについて説明します。

IdmapバックエンドとUID、GIDの統一

　ここまで説明した設定により、Winbind機構によりADドメインのユーザに対応するUNIXユーザを自動作成して認証を行うことができます。ただし、自動生成されるUNIXユーザのUIDやGIDは、各Sambaサーバごとに、なんらかの契機でADドメインのユーザやグループの自動作成が必要となったタイミングで、idmap config * : rangeパラメータで指定した範囲の先頭から順に割り当てられていきます。

　そのため、同一のADドメインに参加しているSambaサーバであっても、各ADドメインのユーザに対して割り当てられたUIDやGIDが同一である保証はありません。これは、NFSなど認証をUIDやGIDに依存している機構にとっては致命的な問題です。

　実はWinbind機構によるUIDやGIDの割り当ては、Idmapバックエンドと呼ばれるモジュールが担当しています。ここまでIdmapバックエンドとしては、デフォルトのtdbを使用している前提で説明を行ってきました。Idmapバックエンドを変更することで、この問題を解決することができます。

● Idmapバックエンドの種類と設定方法

　代表的なIdmapバックエンドを表4-3-1に示します。

表4-3-1 主なIdmapバックエンド

バックエンド名	割り当て情報の生成方法	割り当て情報の参照元、格納先	UID、GIDの統一可否	デフォルトのIdmapバックエンドへの設定可否
tdb	動的に割り当て	ローカルのTDBファイルに格納	×	○
ldap	動的に割り当て	LDAPディレクトリに格納	○	○
rid	SIDから機械的に計算	ADを参照	○	×
ad	ADのUNIX属性の値を使用	ADを参照	○	×
nss	UNIXユーザのUIDを使用	/etc/passwdファイルなどを参照	※	×

※nssとして統一する機能はないが、LDAPやNISなどUNIXの機構で各サーバ間のUIDやGIDを統一することで、結果として統一されます。

単にSambaサーバ間でUIDやGIDを統一したいという要件に対してはridの使用をお勧めします。

ldapは古くから存在するIdmapバックエンドですが、LDAPサーバを別途管理、運用する必要があるため、特殊な要件がなければ現状使用するケースはないでしょう。adを使用する場合は、後述するようにADドメイン側で各ADユーザのUNIX属性を個別に設定する必要があるため、単にUIDやGIDを統一したいという場合はridの方がより簡便です。nssはLDAPやNISなどUNIXの機構で各サーバ間のUIDやGIDが統一されている環境を前提としたIdmapバックエンドです。

なお、Idmapバックエンドまわりは Sambaのバージョンアップとともに急速に機能拡張が行われてきた領域の1つです。その影響でIdmapバックエンドの設定方式もSambaのバージョンにより若干異なっています。

- ① Samba 3.0.24以前
  すべてのドメインに対して単一のIdmapバックエンドを設定
- ② Samba 3.0.25 ～ Samba 3.2系列
  各ドメインごとにIdmapバックエンドを設定。allocバックエンドの登場
- ③ Samba 3.3系列～ Samba 3.5系列
  ①の方法による設定をデフォルトのIdmapバックエンドとしたうえで、各ドメインごとにIdmapバックエンドを設定することも可能とし、柔軟性を高める
- ④ Samba 3.6系列以降
  allocバックエンドを隠蔽し、設定を簡素化

②以降では、Sambaの参加しているADドメインが別のADドメインやNTドメインと信頼関係を結んでいる環境[注14]において、信頼する各ドメインごとに異なるIdmapバックエンドを設定できるようになっていますが、本書では信頼関係を結んでいない単一ドメイン環境を前提として説明を行います。

◉ idmap configパラメータとtdbバックエンド

Idmapバックエンドの設定はidmap config パラメータで行います。このパラメータは特殊なパラメータで次のような書式をとります。

書式 idmap config ドメイン : *Idmapオプション = パラメータ値*

「ドメイン」としては、Sambaが参加しているADドメインもしくは信頼関係にある、

注14 Sambaの参加しているADドメインやNTドメインが複数のドメインと信頼関係を結んでいる環境が該当します。ただし、Samba 4.2系列以前のADドメインは信頼関係をサポートしていないため、実質的に単一ドメイン環境以外の環境は存在しません。

ADドメインの短い名前か、指定されていない場合のデフォルトを意味する「*」を指定します。

Idmapオプションは、**表4-3-2**に示す必須Idmapオプションに加え、Idmapバックエンド固有のIdmapオプションを任意で指定します。

表4-3-2 必須Idmapオプション

オプション名	意味	デフォルト値	パラメータの設定例
backend	使用するIdmapバックエンド	tdb	rid
range	このIdmapバックエンドが割り当てるUIDやGIDの範囲	なし	10000-19999

Sambaのデフォルトでは次のようにデフォルトのIdmapバックエンドとしてtdbが設定されています。

```
idmap config * : backend = tdb
```

 デフォルトのIdmapバックエンドは、後述するローカルグループ用のGIDの割り当てなどにも使用されますので、既存のADなどの参照元がなくてもUIDやGIDの割り当てが可能なtdbかldapを設定する必要があります[注15]。

Winbind機構が動作するためには、最低限デフォルトのIdmapバックエンドが正しく動作する必要がありますので、たとえば**リスト4-2-3**のように次の設定を行って、必須Idmapオプションであるrangeを設定する必要があります。

```
idmap config * : range = 10000-19999
```

rangeには割り当てるUIDやGIDの下限と上限を設定します。

tdbはUIDやGIDの割り当て要求があると、rangeで指定した先頭（上記の設定では10000）から順にIDを払い出していきます。なおUIDとGIDは別々に払い出しが行われます。ADドメインのユーザやグループと、対応するUIDやGIDの割り当て情報は、Sambaサーバ上のTDBファイル[注16]に保持されます。

> **COLUMN　旧バージョンでの設定**
>
> 前述したとおり、Idmapバックエンドの設定はSambaのバージョンにより若干異なります。
> Samba 3.3系列～Samba 3.5系列では「*」ドメインの設定は機能しませんので、代わりにidmap backendパラメータ、idmap uidパラメータ、idmap gidパラメータを設定します。設定例を次に示します。
>
> ```
> idmap backend = tdb
> idmap uid     = 10000-19999
> ```

[注15] ldapについては設定が複雑なこと、有用なシーンが限られることから、本書では扱いません。
[注16] CentOSやUbuntu Serverでは/var/lib/samba/winbindd_idmap.tdbにADドメインのユーザやグループのSIDと対応するUIDやGID情報が格納されます。

```
    idmap gid     = 10000-19999
```

　Samba 3.2系列以前では、idmap domainsパラメータに設定するドメインを列挙します。またdefaultというIdmapオプションがあるため、デフォルトのIdmapバックエンドとしても使用するドメインに対してyesを設定します。設定例を次に示します。

```
    idmap domains = default ADDOM1 ...
    idmap config default: backend = tdb
    idmap config default: range   = 10000-19999
    idmap config default: default = yes
```

● ridバックエンド

　Idmapバックエンドとしてridを使用することで、UIDやGIDとして、ADドメインのユーザやグループのSIDに含まれるRIDから機械的に計算された値が割り当てられます。SIDとはWindowsで各種オブジェクトを一意に識別する値で、たとえば次のような長い値となっています。

S-1-5-21-1234995458-293493368-1744720997-513

　最後の「513」の部分は各オブジェクト(ユーザやグループなど)のインスタンスを一意に識別する値でRIDと呼ばれます。ridでは、このRIDに一定の数値を加算した数字をUIDやGIDとして使用します。
　ridの設定例を**リスト4-3-1**に示します。

リスト4-3-1 ridの設定例

```
[global]
    idmap config * : backend = tdb          ┐
    idmap config * : range   = 10000-19999  ┘ ←デフォルトのIdmapバックエンド設定例
    ...

    idmap config ADDOM1:backend = rid       ←ADDOM1ドメインで使用するIdmap機構
    idmap config ADDOM1:range   = 20000-29999  ←割り当てるUID、GIDの範囲
```

　idmap config ADDOM1:backend(以降backendのようにIdmapオプション名のみ表記します)パラメータにより、ADDOM1ドメイン用のIdmapバックエンドとしてridを指定しています。
　rangeで指定された最小値が20000のため、RIDが0のユーザやグループに割り当てられる値が20000となり、以降1なら20001、2なら20002といった具合に機械的に割り当てる値を計算します。そのため、割り当て情報をSambaサーバで保持する必要がありません。
　ridによる割り当ての例を次に示します。

```
$ id 'ADDOM1\aduser01'
uid=25603(ADDOM1\aduser01) gid=20513(ADDOM1\domain users) groups=20513(ADDOM1\domain 
users),20512(ADDOM1\domain admins),10012,10008(BUILTIN\users),10007(BUILTIN\administrators)
```

　上記から逆算すると、たとえばADDOM1\aduser01のRIDは5603であることがわかります。

　ADドメインに存在する、あるユーザやグループのRIDは、どのSambaサーバから参照しても同一ですので、そこから計算されて割り当てられるUIDやGIDの値についても、どのSambaサーバ上でも同一となります。

◉nssバックエンド

　nssは特殊なIdmapバックエンドで、Winbind機構が機能していない場合と同様の割り当てを行います。すなわち、Sambaサーバ上にADドメインのユーザやグループと同名のユーザやグループが存在していた場合はそのUIDやGIDを割り当てます。なお同名のユーザが存在しなかった場合は、デフォルトのIdmapバックエンドによる割り当てが行われます。

　設定例を次に示します。rangeの設定も不要です。

```
idmap config ADDOM1:backend = nss
```

　nssバックエンドは、LDAPやNISなどでSambaサーバ間ですでにUIDやGIDが統一されており、Winbind機構でもそのUIDやGIDを使用したいといった状況を想定して提供されています。

IdmapバックエンドとUNIX属性の活用

　ADドメインでは、各ユーザやグループごとに、RFC 2307で定義されている**表4-3-3**の属性を保持できます。これらは**図4-3-1**のタブ名にちなんで通称「UNIX属性」と呼ばれています。

表4-3-3 UNIX属性

属性名	意味
グループ	
gidNumber	GID
ユーザー	
uidNumber	UID
gidNumber	プライマリグループのGID
unixHomeDirectory	ホームディレクトリのパス
loginShell	シェルのパス

以降では、SambaでこのUNIX属性を活用する方法として、Idmapバックエンドを中心に説明します。

◉ UNIX 属性の設定

Windows 8.1やWindows Server 2008 R2までの環境では、DC上で「NISサーバ」役割サービスをインストールすることで[注17]、ADドメインの各ユーザやグループについて図4-3-1のような「UNIX属性」タブから属性を操作することができるようになります。

図4-3-1 UNIX 属性タブ

※ Windows 8.1のRSAT上で表示したところ

残念ながら、このタブの機能はWindows Server 2012 R2以降の管理ツールでは削除されてしまいました。これらの環境でUNIX属性を操作する場合は、図4-3-2のように属性エディタを使用するか、スクリプトなどを使用して値を直接編集する必要があります。

[注17] NIS機能自体は使用しませんので、NISサーバのサービスを起動する必要はありません。

図4-3-2 属性エディタによるUNIX属性の編集

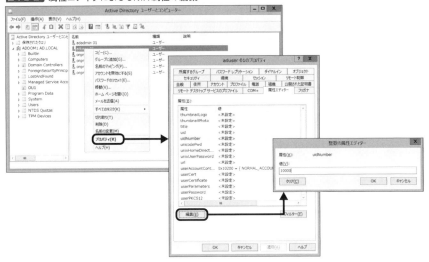

COLUMN 「NISサーバ」役割サービスをインストールせずにUNIX属性タブを表示させる

筆者が検証した限り、「NISサーバ」役割サービスをインストールしていない環境でも、図4-3-3のようにADSIエディタなどで、CN=RpcServices,CN=System,ドメイン名（本書の例ではDC=addom1,DC=ad,DC=local）の下に、CN=ypservers,CN=ypServ30というDNをコンテナとして作成した上で、属性名として短いドメイン名を指定したmsSFU30DomainInfoというクラスの属性を作成することにより、該当の属性名がUNIX属性ウィンドウ上部のNISドメイン名として選択できるようになります。

図4-3-3 ADSIエディタによる属性の作成

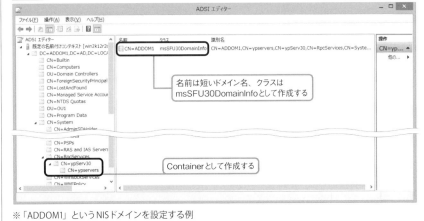

※「ADDOM1」というNISドメインを設定する例

● adバックエンド

Idmap機構としてadを使用することで、Winbind機構がユーザのUIDやGIDを作成する際に、UNIX属性に格納されているUIDやGIDの値を反映するようになります。

Idmap機構としてadを使用する際の設定例を**リスト4-3-2**に示します。

リスト4-3-2 adの設定例

```
[global]
  idmap config * : backend = tdb
  idmap config * : range   = 10000-19999    ←デフォルトのIdmapバックエンド設定例
  ...

  idmap config ADDOM1 : backend = ad          ←ADDOM1ドメインで使用するIdmapバックエンド
  idmap config ADDOM1 : schema_mode = rfc2307 ← 使用するスキーマの形式
  idmap config ADDOM1 : range   = 20000-29999 ←割り当てるUID、GIDの範囲

  winbind nss info = rfc2307   ←シェルやホームディレクトリもUNIX属性から割り当てる
```

ridと同じく、backendパラメータにより、ADDOM1ドメイン用のIdmapバックエンドとしてridを指定しています。次の行のschema_modeパラメータは必ずrfc2307を設定してください[注18]。

この設定により、UNIX属性に設定されたUIDやGIDの値がWinbind機構が作成したユーザのUIDやGIDに反映されるようになります。ただし、Idmap機構はあくまでUIDやGIDの割り当てを行う機構ですので、この設定を行っただけでは、シェルやホームディレクトリといったそのほかのUNIX属性の設定は反映されません。

UNIX属性を**図4-3-1**のように設定したADドメインのユーザおよびグループに対する割り当ての例を次に示します。

```
$ id 'ADDOM1\samba01'
uid=20001(ADDOM1\samba01) gid=20000(ADDOM1¥domain users) groups=20000(ADDOM1\domain ↩
users),16777217(BUILTIN\users)
$ getent passwd 'ADDOM1\samba01'
ADDOM1\samba01:*:20001:20000::/home/ADDOM1/samba01:/bin/false
 ↑シェルやホームディレクトリの設定は反映されない。
$ getent group 'ADDOM1\Domain Users'
ADDOM1\domain users:x:20000
```

UIDやGIDについて、UNIX属性の値が反映されていることが確認できます。

なお、UNIX属性で指定されたUIDがrangeパラメータの範囲外となっているユーザやグループ、UNIX属性自体が存在しないユーザやグループには割り当て自体が行われず、結果として作成に失敗します。そのため、SambaサーバにアクセスさせたいユーザやグループのみUNIX属性を設定することで、Sambaサーバへのアクセスを制御で

注18 Windows Server 2003以前のDCを参照する場合は、別の値を設定する必要があります。

きます。

 注意 Domain UsersグループのUNIX属性が設定されていないと、ユーザのプライマリグループのGID割り当てに失敗し、結果としてすべてのユーザの作成が失敗します。

◉UNIX属性のシェル、ホームディレクトリ値の反映

上記の設定に加えて、winbind nss infoパラメータを次のように設定することで、シェルやホームディレクトリの設定も含めてUNIX属性の情報が用いられるようになります。

```
winbind nss info = rfc2307
```

先ほどの実行例と同じユーザとグループをSambaサーバ上で参照した際の例を以下に示します。シェルやホームディレクトリの値もUNIX属性の値が反映されていることがわかります

```
$ id 'ADDOM1\samba01'
uid=20001(ADDOM1\samba01) gid=20000(ADDOM1\domain users) groups=20000(ADDOM1\domain users),16777217(BUILTIN\users)
$ getent passwd 'ADDOM1\samba01'
ADDOM1\samba01:*:20001:20000::/home/samba01:/bin/sh
```

なお、シェルやホームディレクトリのUNIX属性が設定されていないユーザについては[注19]、前述したtemplate shellやtemplate homedirパラメータの値が反映されます。

ローカルグループ（Sambaグループ）

Winbind機構が動作している環境では、Sambaサーバ上に作成したローカルグループにドメインのユーザやグループを追加して、ローカルグループによるアクセス制御を行うこともできます。

ローカルグループを使用する場合、UNIX上のファイルやディレクトリに対するアクセス権をADドメインのユーザやグループに直接付与するのではなく、いったんローカルグループに付与し、ローカルグループのメンバとしてADドメインのユーザやグループを追加、削除するという運用を行います。これはAGLPというMicrosoft社が提唱する運用形態になります。**図4-3-4**に概念図を示します。

注19　図4-3-1の画面で設定を行う場合、UIDのUNIX属性だけを設定することはできないため、こうしたユーザが存在すること自体がありえません。

図4-3-4　AGLPの概念

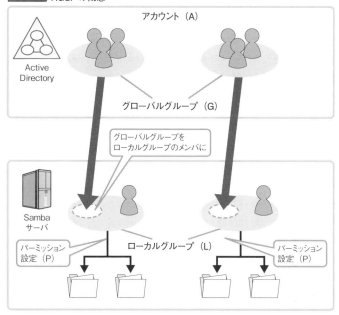

Note

AGLPに基づく運用の詳細については、Microsoft社の技術情報を参照してください。

● ローカルグループの管理

ローカルグループの管理方式としては、大きく3-3節で紹介した既存のUNIXグループに対応するローカルグループを作成する方式と、ローカルグループ作成時に対応するUNIXグループもWinbind機構により作成してしまう方式があります。

前者の方式を用いる場合は、3-3節のとおり、あらかじめUNIXグループを作成したうえで、次のようにしてローカルグループ（Sambaグループ）を作成します。

```
# net groupmap add unixgroup=local1 ntgroup="Local 1" type=local
```

後者の方式を用いる場合は、ローカルグループ作成時に、同じ名前のUNIXグループも作成されます。作成されたUNIXグループはWinbind機構のデータベースに保持されますので、Winbind機構が動作していることが前提となります。作成例を次に示します。

```
# net sam createlocalgroup "Local 2"
Created local group Local 2 with RID 1009
# getent group 'Local 2'
CENTOS70\local 2:x:10014:
```

GIDについては、idmap config * : rangeパラメータで設定された範囲から適宜割り当てられます。この方法で作成したローカルグループを削除する場合は、次のようにします。

```
# net sam deletelocalgroup 'Local 2'
Deleted local group Local 2.
```

どちらの方法で作成したローカルグループについても、メンバ操作はnet samコマンドで行います[注20]。

なおコマンドを実行するにはSambaサーバのroot権限が必要です。現在のメンバを確認するには、次のコマンドを実行します。

書式 net sam listmem グループ名

Local 2というローカルグループのメンバを確認する例を以下に示します。

```
# net sam listmem 'Local 2'
CENTOS70\Local 2 has 2 members
 CENTOS70\user3
 ADDOM2\Domain Admins
```

メンバの追加は次のコマンドを実行します。

書式 net sam addmem グループ名 ユーザ名

Local 2というローカルグループにADDOM1\Domain Usersというグループを追加する例を以下に示します。

```
# net sam addmem 'Local 2' ADDOM1\\Domain\ Users
Added ADDOM1\Domain Users to CENTOS70\local 2
```

メンバの削除は次のコマンドを実行します。

書式 net sam delmem グループ名 ユーザ名

local 1というローカルグループからADDOM1\samba01というユーザを削除する例を以下に示します。

```
# net sam delmem local1 ADDOM1\\samba01
```

注20 net groupmapコマンドで行うこともできますが、操作対象をSIDで指定する必要があり煩雑ですので、本書では説明しません。

```
Deleted ADDOM1\samba01 from CENTOS70\local 1
```

　Winbind機構が有効な状態では、デフォルトでBUILTIN\AdministratorsとBUILTIN\Usersというローカルグループがあらかじめ作成されていますので、これらを用いてアクセス制御を行うこともできます。WindowsクライアントをADドメインに参加させた場合と同様、これらのグループの初期メンバとしては、各々ドメインのDomain AdminsグローバルグループとDomain Usersグローバルグループが設定済となっています。

　ローカルグループの一覧は**3-3節**で紹介したnet groupmap listコマンドで行うことをお勧めします。実行例を次に示します。

```
# net groupmap list
Administrators (S-1-5-32-544) -> BUILTIN\administrators
Local 1 (S-1-5-21-3395033894-2583272406-2089804114-1008) -> local1
Local 2 (S-1-5-21-3395033894-2583272406-2089804114-1009) -> CENTOS70\local 2
Users (S-1-5-32-545) -> BUILTIN\users
```

　2行目は対応するUNIXグループが単にlocal1となっているため、net groupmap addコマンドで作成したグループであることがわかります。3行目はCENTOS70\local 2というグループ名であるため、net sam createlocalgroupコマンドで作成したグループであり、グループの情報もWinbind中に保持されていることが確認できます。

　UNIX上のファイルに対するアクセス権の設定は、グループ名が若干特殊な点を除き、通常のグループと同じように行えます。実行例を次に示します。

```
$ chgrp 'BUILTIN\users' test.txt
$ ls -l
...
-rwxrwx---. 1 monyo BUILTIN¥users   0 Aug 18 23:12 test.txt
```

PAMによるSamba以外のプロダクトの認証統合

　pam_winbindモジュールにより、Winbind機構が提供する認証機能をPAM経由で使用することができます。これにより、sshやtelnetといったPAMに対応した一般的なプロダクトの認証をWinbind機構が提供するWindowsドメインのユーザ情報を使って行うことが可能となり、**図4-3-5**のようにSambaサーバに対する認証が完全にWindowsドメインに統合されます。

図4-3-5 PAMによる各種プロダクトの認証統合

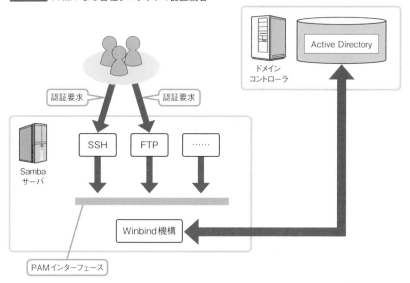

● プラットフォームの前提条件

PAMの設定方法はプラットフォームごとに異なるため、以降、プラットフォームごとに説明を行います。CentOSでは、

```
# authconfig --enablewinbindauth --update
```

を実行することで、このモジュールが自動的に設定されます。無効にする場合は、--enablewinbindauthの代わりに--disablewinbindauthを指定します。ファイルを直接修正する場合は、Ubuntu Serverの説明を参考に/etc/pam.d/password-authファイルを修正してください。

 CentOS 7ではsambaパッケージに/etc/pam.d/sambaファイルが含まれていないため、このままでは動作しません。必ず次の内容のファイルを作成の上、authconfigコマンドを実行してください。

```
auth        required    pam_nologin.so
auth        include     password-auth
account     include     password-auth
session     include     password-auth
password    include     password-auth
```

Ubuntu Serverでは、最低限/etc/pam.d/common-authに次の行があることを確認してください。

```
# here are the per-package modules (the "Primary" block)
auth    [success=2 default=ignore]      pam_unix.so nullok_secure
```

```
auth       [success=1 default=ignore]        pam_winbind.so krb5_auth krb5_ccache_type=FILE ↵
cached_login try_first_pass  ←この行が存在することを確認する
```

　FreeBSDでは、前述したように個々のプロダクトごとに設定を行う必要がありますので、以下SSHの認証を統合する設定を例に説明します。SSHのPAMの設定は/etc/pam.d/sshdというファイルで行いますので、Ubuntu Serverとほぼ同様に次の行を追加します。

```
#auth      sufficient      pam_ssh.so                no_warn try_first_pass
auth       sufficient      /usr/local/lib/pam_winbind.so try_first_pass  ← この行を追加
auth       required        pam_unix.so               no_warn try_first_pass
```

　必要に応じて、ホームディレクトリの自動作成の設定も追記してください。

■認証の動作確認

　ここまで設定を行ったら、認証の動作確認を行ってみましょう。
　以下はSSHでSambaサーバにログインする際にADドメインのユーザで認証を行う場合を例に動作を確認します。
　なお、デフォルトではWinbind機構で作成されたユーザのシェルが/bin/falseというログイン不可能なものに設定されていますので、事前に次のような設定を行い、シェルをログイン可能なものに変更しておいてください。

```
template shell = /bin/sh
```

　あらかじめSambaサーバ上の一般のUNIXユーザに対して、SSHでパスワード認証によりログイン可能であることを確認の上、ADドメインのユーザでログインを行ってください。適切に設定を行っていれば、次のようにサーバへのログインが成功するはずです。

```
$ ssh -l ADDOM1\\samba03 centos70
The authenticity of host 'centos70 (192.168.20.30)' can't be established.
RSA key fingerprint is 7d:3c:e9:f3:7f:cc:9e:63:33:ca:77:8d:5a:83:27:00.
Are you sure you want to continue connecting (yes/no)? yes
Warning: Permanently added 'localhost' (RSA) to the list of known hosts.
addom1\samba03@localhost's password:
Creating directory '/home/ADDOM1/samba03'.
[ADDOM1\samba03@centos70 ~]$ id
uid=20003(ADDOM1\samba03) gid=20000(ADDOM1¥domain users) groups=20000(ADDOM1\domain ↵
users), 20001(ADDOM1\domain admins),16777216(BUILTIN\administrators),↵
16777217(BUILTIN¥users) context=unconfined_u:unconfined_r:unconfined_t:s0-s0:c0.c1023
```

　上記の実行例では前述したpam_mkhomedirモジュールが有効になっており、かつADDOM1\samba03ユーザとしてのログインは初めてのため、ログイン時にユーザのホームディレクトリも作成されています。

なお-lオプションに続くユーザ名の指定方法は、前述したwinbind seperatorパラメータなどの各種パラメータに依存します。大文字小文字の区別はありませんので、「ADDOM1\\samba03」の代わりに「'addom1\samba03'」のように指定してもかまいません。

 FreeBSDの場合、シェルが/bin/falseのままだと、次のようにパスワードが誤っているという内容のエラーでログインに失敗します。

```
Aug 22 17:15:42 fbsd10-1 sshd[1788]: pam_winbind(sshd): request wbcLogonUser
failed: WBC_ERR_AUTH_ERROR, PAM error: PAM_AUTH_ERR (9),
NTSTATUS: NT_STATUS_WRONG_PASSWORD, Error message was: Wrong Password
Aug 22 17:15:42 fbsd10-1 sshd[1788]: pam_winbind(sshd): user 'ADDOM1¥samba02'
denied access (incorrect password or invalid membership)
```

エラーメッセージから原因がわかりにくいため、注意してください。

● パスワード変更の同期

pam_winbindモジュールにより、UNIX上でのパスワード変更に同期して、Windowsドメイン側のパスワードを変更することができます。

CentOS 7、Ubuntu Serverともに、前述した認証のための設定を行っていれば、とくに追加の設定は不要です。パスワード変更の実行例を次に示します。

```
[ADDOM1\samba03@centos70 ~]$ passwd
Changing password for ADDOM1\samba03
(current) NT password:
Enter new NT password:
Retype new NT password:
passwd: password updated successfully
```

プロンプトの表示が通常とは異なりNT passwordとなっていることも確認できます。

なお、FreeBSDのpasswdコマンドは残念ながらこうした機能には対応していません。UNIX上からWindowsドメインのユーザのパスワードを変更したい場合は次のようにsmbpasswdコマンドを用いるなどして対応してください。

```
$ smbpasswd -r win2k12dc01 -U samba01
Old SMB password:
New SMB password:
Retype new SMB password:
Password changed for user samba01
```

2章で述べたように、-sオプションにより以下のようにパスワード変更処理を自動化することができます。

```
$ (echo old-pass ; echo new-pass; echo new-pass)  | smbpasswd -r w2k12r2dc01 -U samba02 -s
Password changed for user samba02
```

このため、smbpasswdコマンドをラッピングするシェルスクリプトを作成することで、一般ユーザからはpasswdコマンドを呼んでいるようなイメージでパスワード変更を行わせること自体は不可能ではないでしょう。

◆ ◆ ◆

本章ではActive Directoryとの認証連携について解説しました。

小規模な環境であっても、Active Directoryが存在する環境では認証統合の要望は比較的強いと思いますので、ぜひお試しください。

本章で解説した設定を含んだsmb.confの例を**リスト4-3-3**に示します。適宜コメントを入れています。これらの設定がSambaサーバ設定の参考になれば幸いです。

リスト4-3-3 Active Directoryとの認証統合の設定例

```
# Samba全体の設定
[global]
   ; 文字コード関連の設定
   dos charset = CP932

   ; Microsoftネットワーク関連の設定
   netbios name = FILESV

   ; ADドメイン関連の設定
   workgroup = ADDOM1
   realm = ADDOM1.AD.LOCAL
   security = ads

   ; Winbindで作成するユーザ名、ユーザ情報の制御
   winbind seperator = +
   winbind use default domain = yes
   winbind normalize names = yes
   template shell = /bin/bash
   template homedir = /home/%U

   ; Winbind機構が自動生成するユーザのシェルとホームディレクトリ設定
   template shell = /bin/bash
   template homedir = /home/%D/%U

   ; デフォルトのIdMap機構の設定
   idmap config * : range = 10000-19999

   ; ADDOM1ドメインのIdMap機構をridにする設定
   idmap config ADDOM1:backend = rid
   idmap config ADDOM1:range = 20000-29999        ─┐ adを有効化する場合にはコメントにする

   ; ADDOM1ドメインのIdmap機構をadにする設定
   # idmap config ADDOM1:backend = ad
   # idmap config ADDOM1:range = 20000-29999      ─┐ adを有効化する場合にはコメントを外す
   # idmap config ADDOM1:schema_mode = rfc2307
   # winbind nss info = rfc2307
```

```
  ; Sambaの認証時にPAMの制約を有効にする（ホームディレクトリ自動作成のための設定）
  obey pam restrictions = yes

  ; エラーメッセージの抑止設定
  printcap name = /dev/null

# ホームディレクトリを共有する設定
[homes]
  ...
  ; ホームディレクトリの自動作成
  root preexec = /var/lib/samba/scripts/smb_mkhomedir %U %D

# テスト用の共有
[tmp]
  path = /tmp
  writeable = yes
  ; ADドメインのユーザを使用したアクセス制御の設定例
  valid users = "@ADDOM1¥Domain Users"
  force group = "ADDOM1¥Domain Users"
  ...
```

第 5 章

Sambaでドメインを構築しよう！

Sambaの応用設定（3）：ドメインコントローラ編

前章ではSambaをActive Directory（AD）ドメインに参加させ、ADドメインと認証を統合する方法について説明しました。本章ではSambaをADドメインのドメインコントローラとして構成して、Windowsサーバのドメインコントローラなしでドメインを構築する方法について説明します。

5-1
ドメインコントローラの構築

本節ではActive Directoryドメインについての基礎知識と、構築の基本となる新規構築について説明します。

Active Directoryドメインの概念と機能

Windowsには「ドメイン」という概念があります。ドメインに所属するクライアントやサーバといったドメインメンバにはドメインのユーザでログオンすることが可能で、これによりユーザの一元管理を実現しています。ドメインには、グループポリシーなどドメインメンバやユーザの設定を一元的に行うためのさまざまな機能も実装されており、これにより運用の効率化やセキュリティの向上が図られています。

「ドメイン」という用語はDNSなどさまざまな機構も使用しているため、単に「ドメイン」と記述すると混乱する場合があります。そのため、本書ではこの用途における「ドメイン」を便宜的に「ADドメイン」と呼称しています。

なお、ADドメインを構築できるのは、Windows 2000 Server以降のWindowsサーバになります。Windows NT Server 4.0までのWindowsサーバでも「ドメイン」を構築できますが、実装や機能がADドメインとは大きく異なるため、本書では便宜的に「NTドメイン」と呼称しています。

Sambaでは以前からNTドメインのドメインコントローラ機能をサポートしています。Sambaのドメインコントローラは、Windows NT Serverのドメインコントローラが共存できないという機能制限以外は、高い互換性を有しています。ただし、本機能を提供していた最後のMicrosoft社製品であるWindows NT Server 4.0のサポートがすでに2004年末で終了しており、現状新規にNTドメインを構築することはまずないと考えていますので、本書では説明を割愛します[1]。

● ADドメインの概要

ADドメインについて、本書の説明に必要な範囲で概要を説明します。

ADドメインでは、図5-1-1のように認証情報のマスタを保持するドメインコントローラ（DC）を通常複数台構築します。

各DCはActive Directoryと呼ばれるディレクトリデータベースを保持しています。どのDCでもパスワード変更やユーザの作成といったActive Directoryの更新が可能であ

注1 詳細な情報が必要な場合は、本書初版の5章などを参照してください。

り、更新された内容はすべてのDCに複製されます。Active Directoryの実体はLDAPのデータベースですので、要件に応じてスキーマを拡張することもできます。

　DCにはSYSVOLやNETLOGONというファイル共有が存在します。このファイル共有には、ドメインに所属する各クライアントやユーザの設定を一元管理する機能であるログオンスクリプトやグループポリシーの実体となるファイルが格納されます。このファイルはActive Directoryの複製とは別の機構（DFS-RもしくはFRS）ですべてのドメインコントローラに複製されます。

　各ドメインコントローラは基本的に対等の関係にありますが、FSMOと呼ばれる特殊な役割だけは特定のドメインコントローラが保持します[注2]。

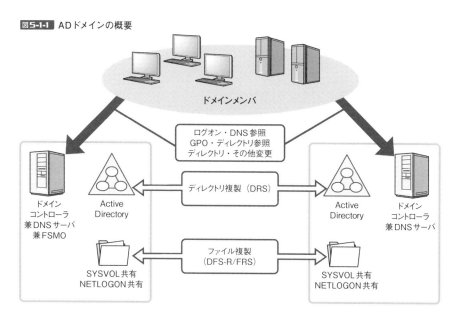

図5-1-1　ADドメインの概要

　DCは原則としてDNSサーバとしても機能します。ドメインメンバは起動時にこのDNSサーバに問い合わせを行うことで、自身が接続すべきDCを確認します。この際SRVレコードという特殊なレコードが使用されるため、hostsファイルなど、ほかの名前解決機構でDNSを代替することはできません。ADドメインのドメイン名はそのままDNSのFQDN名となるなど、ADはDNSと密接に連携しています。

　なお、ADの認証はKerberos、ADへのアクセスは基本的にLDAPで行われます。また、Kerberosが機能するうえで時刻同期が必要なため、デフォルトではNTPによる時刻同期が行われます。このように、ADの機能はさまざまなプロトコルや機構によって支えられています。

注2　FSMOにはいくつか種類があり、FSMOの種類ごとに異なるドメインコントローラに保持させることもできます。

既存のADドメインと連携する形で新規ADドメインを構築することもできます。このようにして構築した複数ドメインは同一フォレストに所属し、各ドメイン間では自動的に信頼関係が締結されます。別フォレストのドメインと明示的に外部信頼関係を設定することもできます。

■ SambaによるADドメイン機能のサポート

SambaがサポートするADドメインの機能を**表5-1-1**に示します。

前述したとおり、ADドメインにはフォレストという概念があり、複数ADドメインを連携させることができますが、現在のSambaではシングルドメイン・シングルフォレストという単一ADドメイン環境以外はサポートされていません。外部信頼関係についても制約があります。端的にいうと、複数ADドメイン環境は未サポートだという理解でよいでしょう。

表5-1-1 SambaがサポートするADの機能

機能	サポート状況
基本機能	
ユーザ・グループ・認証	◎ サポート
グループポリシー（GPO）・OU	○ クライアントに対する機能はサポート。Sambaサーバ自体に関わる設定は制御できない
FSMO・機能レベル	◎ サポート
ADの複製（DRS）	◎ サポート
SYSVOL共有の複製（DFS-R）	× rsyncなどの別プロダクトで対応が必要
DNSサーバ	○ ADドメインの動作に必要な範囲はサポート
高度な機能、その他	
サイト	△ クライアントに対する機能はサポート。Sambaサーバ自体に関わる設定は制御できない
RODC	× 未サポート
スキーマ拡張	△ 手動での拡張のみサポート
DCの追加	○ Windows Server 2008 R2以前のみサポート
複数ドメイン	× 未サポート
外部信頼関係	△ 信頼されることはできるが、信頼することはできない[注3]
ブラウジング機能	× 未サポート

シングルドメイン環境でのADドメインの機能についてはほぼサポートされていますが、次の点については留意が必要です。

・SYSVOL共有の複製ができない
　WindowsサーバのDC間ではDFS-RもしくはFRSという機構によりSYSVOL共有内の

注3　Samba 4.3系列では一部制限があるものの、外部信頼関係がサポートされました。

ファイルの複製が行われますが、Sambaはこれをサポートしていません。そのため、何らかの方法によりSYSVOL共有複製のしくみを作る必要があります。

・Windows Server 2012以降のDCをサポートしていない

　SambaのADドメインは基本的にWindows Server 2008 R2互換の機能を提供しています。Active Directoryに格納可能な属性を定義するスキーマについても、Windows Server 2008 R2と同じものをサポートしています。Windows Server 2012のDCをサポートするためには、スキーマを拡張する必要がありますが、現時点でのSambaはこれをサポートしていません[注4]。

　グループポリシーやサイトといった機能で、Sambaサーバ自体に関わる設定を制御することはできない点にも注意してください。

　WindowsサーバのDCはADドメインのクライアントとしての側面もあるため、ADドメインの機能であるグループポリシーによって動作を制御できます。しかし、Sambaサーバ自身はADドメインのクライアントとして動作しないため、SambaサーバのDCや、Sambaサーバ上で動作するActive Directory自体の設定をグループポリシーで制御できないためです。

> **Note**
> 制御できない具体例としては、アカウントポリシーによるADドメインのユーザに対するパスワード制約が挙げられます。

インストールとプラットフォームの設定

　Sambaは、sambaというsmbdやnmbdなどとは異なるプロセスによってDCの機能を提供します。そのため、ここでは1章に補足する形で、各プラットフォームごとにインストールやプラットフォームの設定に関する留意点を説明します。

◉ CentOS 7

　CentOS 7では、SambaのDC機能をsamba-dcというパッケージで提供する予定のようです。ただし、本書執筆時点はREADMEファイルのみのダミーのパッケージとなっており、実質的には未提供のままです[注5]。

　そのため、本書執筆時点でCentOS 7上でSambaのDCを構築する場合は、ソースコードからインストールを行うか、ディストリビューション非公認のパッケージを使用する

[注4] 厳密にはWindowsのインストーラが行うAPI経由でのスキーマの拡張をサポートしていません。手動でのスキーマ拡張はサポートしています。
[注5] Samba4では、CentOSで使用されているMIT Kerberosライブラリが未サポートであることがsamba-dcパッケージが未提供の理由とのことです。

必要があります。Samba 4.2まではコラムで紹介しているSerNet版のパッケージが無償で提供されており、実績などを考えるとお勧めでしたが、Samba 4.3以降では有償になりました[注6]。

COLUMN **SerNet版Sambaパッケージ**

SerNet社はドイツの会社で、EnterpriseSAMBAという名称でRHEL、CentOS、SuSEなどの各種Linuxディストリビューション向けに独自のSambaパッケージを提供しています。Samba 4.3以降のパッケージは有償での提供になりましたが、それ以前のパッケージは現在も無償で提供されています。

無償で提供されているパッケージのインストールについては、**図5-1-2**のEnterpriseSAMBAのWebサイト（https://portal.enterprisesamba.com/）の記述に従って行います。

図5-1-2 EnterpriseSAMBAのWebサイト

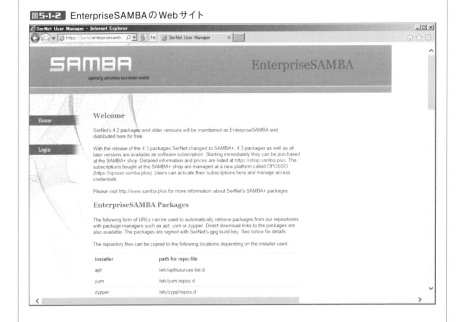

リポジトリの設定を行うことで、パッケージ名がsernet-から始まるSerNet独自のSamba関連パッケージが認識されます。DC機能を使用するには、sernet-samba-adパッケージをインストールします。なお、SerNetのパッケージインストール前に、CentOSのSamba関連パッケージはアンインストールしておく必要があります。

SerNetパッケージのインストール後、/etc/default/sernet-sambaファイルで、

```
SAMBA_START_MODE="ad"
```

注6 有償のSambaパッケージであれば、OSSTech社が提供しているSambaパッケージを購入することで、日本語でサポートを受けることができます。

を設定します。これによりシステム起動時にADドメイン用のsambaプロセスが自動起動するようになります。手動で制御する場合は、sernet-samba-adというサービスを制御してください。

SELinuxについては**1章**の手順を参考に必ず無効にしてください。ファイアウォール設定については**1章**で説明した設定だけでは不十分で、後述する**表5-1-2**に示すポートを個別に開放する必要があります。多数のポートの開放が必要で、実質的にファイアウォールでポートを制御する意義が失われますので、DCとして動作させる場合、次のようにしてファイアウォール機能を無効にすることをお勧めします。

```
# systemctl stop firewalld
# systemctl disable firewalld
```

DNSサーバについては、Ubuntu Serverなどと同様、必ず自分自身を指定してください。

 SELinuxには samba_domain_controller という変数が存在しますが、これは従来のNTドメイン互換のドメインコントローラを意識した設定ですので、この設定を有効にしてもADのDCは正しく機能しません。

● Ubuntu Server

Ubuntu Server固有のインストールに関する注意点について説明します。

・パッケージのインストール

Ubuntu Server 14.04 LTSでは、**1章**でインストール手順を説明したsambaパッケージをインストールすることでsambaプロセスを含むDC機能もインストールされます。ただし、SambaのDNS機能を正しく動作させるためにdnsutilsパッケージのインストールが別途必要です。また、NTPサーバによる時刻同期を行う際には、ntpパッケージもインストールする必要があります。

・セキュリティ設定

1章で説明したとおり、ファイアウォールやSELinuxはデフォルトで無効ですので、デフォルトの設定の場合、とくに設定を行う必要はありません。

・DNSサーバ

必ず自分自身を指定してください。

・ファイルシステムの設定

DCを動作させるファイルシステムではACLや拡張属性が有効になっている必要があります。デフォルトで有効になっているため、追加の設定は不要です。

・プロセスの起動・停止

1章で説明したとおり、sambaパッケージをインストールするとsmbdやnmbdというプロセスが自動で起動します。しかし、DCとして動作させる際にはこれらのプロセ

スは起動不要ですので、/etc/init配下のsmbd.confおよびnmbd.confをたとえばsmbd.conf.disableやnmbd.conf.disableのようにリネームしておいてください。DCの起動・停止は、次のようにsamba-ad-dcというサービスで行います。

```
$ sudo initctl start samba-ad-dc
samba-ad-dc start/running, process 2358
```

DCの自動起動を抑止したい場合は、/etc/initにあるsamba-ad-dc.confをリネームしてください。

● FreeBSD

FreeBSD 10固有のインストールに関する注意点について説明します。なお、コラムに記載した不具合のため、本書ではFreeBSD 10.2で動作を確認しています。

・パッケージのインストール

FreeBSD 10では、1章でインストール手順を説明したsamba41パッケージなどSamba 4.0以降のパッケージをインストールすることで、sambaプロセスを含むDC機能もインストールされます。ただし、DNS機能を正しく動作させるためにsamba-nsupdateパッケージのインストールが必要です。また、NTPサーバによる時刻同期を行う際には、ntpパッケージもインストールしてください。

・セキュリティ設定

デフォルトの設定の場合、とくに設定を行う必要はありません。

・DNSサーバ

必ず自分自身を指定してください。

・ファイルシステムの設定

DCを動作させるファイルシステムではACLや拡張属性が有効になっている必要があります。FreeBSD 10デフォルトのファイルシステムであるUFSでは、ACLがデフォルトで無効になっているため、3章のコラムなどを参考に、/var/db/samba4ディレクトリが存在するファイルシステムにaclsというマウントオプションを追加してください。

・プロセスの起動・停止

1章で説明したsamba_serverスクリプトは、smb.confファイルの設定に応じて動的に起動するプロセスを切り替えます[注7]。そのため、プロセスの起動・停止については1章の説明に準じます。

注7　testparmコマンドの出力を参照しています。

COLUMN　FreeBSD 10でのsamba-toolコマンドの不具合

筆者が確認した限り、FreeBSD 10.0、FreeBSD 10.1では、samba-toolコマンドとpythonの相性が悪く、samba-tool domain provisionコマンドを実行しても、次のようなエラーでスクリプトが実行できません。

```
# samba-tool domain provision --domain=ADDOM8 --realm=ADDOM8.AD.LOCAL 
--adminpass=P@ssw0rd
Looking up IPv4 addresses
Looking up IPv6 addresses
No IPv6 address will be assigned
Segmentation fault (core dumped)
```

切り分けのため、i386版とamd64版、パッケージ以外にPortsからのインストールなど、いろいろ試してみましたが、本事象を回避できませんでした。

FreeBSD 10.2では、この問題は発生しません。

● ADの使用するポート

ADのドメインコントローラ機能を実装するsambaプロセスは、表5-1-2に示すように多数のポートを使用します[注8]。

表5-1-2 sambaプロセスの使用ポート

使用する機能	ポート/プロトコル
DNS[注9]	53/TCP、53/UDP
Kerberos,	88/TCP、88/UDP
RPC	135/TCP
NetBIOS名前解決、ブラウジング	137/UDP
NetBIOS名前解決	138/UDP
NetBIOSファイル共有	139/TCP
LDAP	389/TCP、389/UDP
ファイル共有	445/TCP
Kerberos kpasswd	464/TCP、464/UDP
LDAPS[注10]	636/TCP
グローバルカタログ	3268/TCP、3269/TCP
動的RPCポート	動的（OSの設定による）/TCP

sambaプロセスは、常にLDAPおよびKerberosサーバとして機能するため、従来のSambaサーバが使用していたポートに加え、これらのプロトコルのポートも使用します。これに加えてグローバルカタログなどAD独自の機能が使用するポートも使用します。

[注8] ADの使用するポートの情報についてはMicrosoftの技術情報も参照してください。
[注9] 内蔵DNSを有効化した場合。
[注10] SSLを有効化した場合。

また、SambaサーバはDNSサーバとしても動作する必要がありますので、DNSのポート自体も開放が必要です。さらに、ADドメインでは通常NTPによる時刻同期が行われますので、ntpdなどを起動して時刻同期を行う場合はNTPのポート（123/UDP）も実質的に使用します。

このほか、RPCによる通信も行われますので、プラットフォームがエフェメラルポートとして使用するポートの範囲も開放しておく必要があります。

ADのDCでファイアウォールを有効にする場合は、これらのポートを開放する必要がある点に留意してください。

最初のドメインコントローラの構築

DCの構築は、最初の1台と2台目以降とでは異なるコマンドを使用します。最初のドメインコントローラの構築は、samba-tool domain provisionコマンドを使用して行います。

● samba-tool domain provisionコマンド

samba-tool domain provisionコマンドは最初のドメインコントローラの初期設定を行うコマンドです。

書式 samba-tool domain provision --domain=ドメイン名 --realm=ドメインのFQDN --adminpass=パスワード [--use-rfc2307] [--dns-backend=[SAMBA_INTERNAL|BIND9_DLZ]]

主なオプションを表5-1-3に示します。オプションにデフォルト値があるものは、明示的にオプションを指定しなかった場合、デフォルト値が指定されたものとして扱われます。

表5-1-3 samba-tool domain provisionコマンドの主なオプション

オプション	デフォルト値	意味
--server-role=[dc, member, standalone]	dc	サーバの役割。最初のドメインコントローラとしてインストールする場合はdcを指定する
--adminpass=パスワード		Administratorのパスワード
--dns-backend=[SAMBA_INTERNAL, BIND9_FLATFILE, BIND9_DLZ, NONE]	SAMBA_INTERNAL	使用するDNSの方式
--domain=ドメイン名		短いドメイン名（NetBIOSドメイン名）
--function-level=[2000, 2003, 2008, 2008_R2]	2003	ドメインの機能レベル
--realm=レルム名		FQDNのドメイン名（レルム名）
--use-rfc2307	-	UNIX属性を有効にするか

--domainおよび--realmオプションでADドメインのドメイン名を決定します。現在のところ構築後のドメイン名の変更はサポートされていないため、本オプションの設定は慎重に行ってください[注11]。

通常短いドメイン名としてはFQDNの先頭のドメイン名が使用されますので、別の名前にする理由がなければ合わせておくことを強く推奨します。

--dns-backendオプションはDNSサーバの動作機構を指定するオプションです。とりあえず構築する場合はデフォルト値のままでかまいませんが、本格運用する場合は後述する本オプションの説明を参考にして慎重に決定してください。

--use-rfc2307オプションは、**4.3節**で紹介したUNIX属性を使用する際に指定します。

本コマンドの実行例を次に示します。

```
# samba-tool domain provision --domain=addom1 --realm=ADDOM1.SAMBA.LOCAL --adminpass=P@ssw0rd
Looking up IPv4 addresses
Looking up IPv6 addresses
No IPv6 address will be assigned
Setting up share.ldb
(中略)
Once the above files are installed, your Samba4 server will be ready to use
Server Role:           active directory domain controller
Hostname:              centos7
NetBIOS Domain:        ADDOM1
DNS Domain:            addom1.samba.local
DOMAIN SID:            S-1-5-21-181991817-675121097-4058787377
```

オプションを指定せずにコマンドを実行して対話的に設定を行うこともできますが、その場合は一部のオプションしか設定できないため、明示的にオプションを指定しての実行をお勧めします。

このコマンドは、AdministratorなどADドメインに標準で存在するユーザやグループを作成します。また--dns-backendオプションに応じてDNSに関する設定なども行います。

最終的に、指定したオプションに基づいて、**リスト5-1-1**のような内容のsmb.confファイルが作成されます。

> **Note**
> smb.confファイルが作成されるべきパスに既存のsmb.confファイルが存在していると、コマンドが動作しませんので注意してください。

注11 Windows Server 2003以降で構築したADではドメイン名の変更がサポートされています。ただし各種機能への影響が大きく機能不全の発生するリスクも高いため、可能な限り変更しないことが強く推奨されています。

● smb.confの設定

コマンドが作成したsmb.confファイルの例を**リスト5-1-1**に示します。

リスト5-1-1 smb.confの例

```
[global]
    workgroup = ADDOM1
    realm = ADDOM1.SAMBA.LOCAL
    netbios name = CENTOS7
    server role = active directory domain controller
    dns forwarder = 192.168.20.1      ←--dns-backendオプション次第で指定した場合設定される
    idmap_ldb:use rfc2307 = yes       ←--use-rfc2307オプションを指定してUNIX属性を有効にした場合設定される
    nsupdate command = /usr/local/bin/samba-nsupdate -g  ←FreeBSDの場合に指定する
    server services = +dns            ←必要に応じて設定する。詳細は後述

[netlogon]
    path = /var/lib/samba/sysvol/addom1.samba.local/scripts
    read only = No

[sysvol]
    path = /var/lib/samba/sysvol
    read only = No
```

（コマンドが自動作成したパラメータ）

realmパラメータにADドメインのドメイン名、workgroupパラメータに短いドメイン名、netbios nameにコンピュータ名が設定されます。またserver roleパラメータはADドメインのドメインコントローラを意味するactive directory domain controllerに設定されます。これらを変更してはいけません。

netlogonとsysvolという2つのセクションもDCとしての動作に必要な共有ですので、不用意に設定変更しないように注意してください。

後述するDNSサーバやNTPサーバ関連の設定しだいでは、server servicesパラメータなどいくつか追加で設定すべきパラメータもありますが、基本的にはDC自体の機能に関してsmb.confを変更する必要はありません。

これ以外の通常のパラメータ、たとえば1章で説明したログファイルの設定に関するものや、起動するインターフェースの制御に関するパラメータなどは、適宜設定してかまいません。

● server servicesパラメータ

server servicesパラメータは、sambaプロセスが提供するサービスを定義するパラメータです。インストール直後は適切な設定が行われているため、通常設定する必要はありません。

設定する場合は、**表5-1-4**に示すサービスを意味するキーワードを必要に応じて設定します。キーワードの先頭に「+」を付加することで、該当のサービスが有効になり、「-」を付加することで、該当のサービスが無効になります。

とくに指定されなかったサービスは、デフォルトの設定に従って、有効もしくは無効になります。

表5-1-4 サービスのキーワード

キーワード	意味
dns	内蔵のDNS機能
s3fs	外付けのsmbdプロセスによるファイルサーバ機能。smbと排他
smb	内蔵のファイルサーバ機能。s3fsと排他
spoolss	プリンタサーバ機能
winbind	内蔵Winbind機能。winbinddと排他
winbindd	外付けのwinbinddプロセスによるWinbind機能。winbindと排他

設定例を次に示します。

```
server services = +winbind -winbindd
```

これにより、Samba 4.2系列において、デフォルトで有効となっている外付けのWinbind機構が無効化され、従来の内蔵Winbind機構が有効になります。

DNSサーバの構築と設定

本章冒頭で説明したとおり、ADドメインが機能するにはDNSが適切に構成されている必要があります。

SambaによるDCでは、DNSサーバの実現方式として大きく**表5-1-5**に示す方式が提供されており、DCの構築時にsamba-tool domain provisionコマンドの--dns-backendオプションで指定します。

表5-1-5 DNSサーバの実現方式

オプションの値	意味	DNSサーバ
SAMBA_INTERNAL	Samba内蔵のDNSサーバを使用する（デフォルト）	sambaプロセス
BIND9_DLZ	BIND9の動的ゾーン（DLZ）機能を使用する設定を行う	BIND
BIND9_FLATFILE[注12]	BIND9で通常のゾーンファイルを使用する設定を行う	BIND
NONE	DNSサーバの構成を行わない	─

●実現方式の概要と比較

方式の動作概念と比較を**図5-1-3**に示します。

注12　Samba 4.1以降では非サポート。

図5-1-3 DNSサーバの実現方式の概念比較

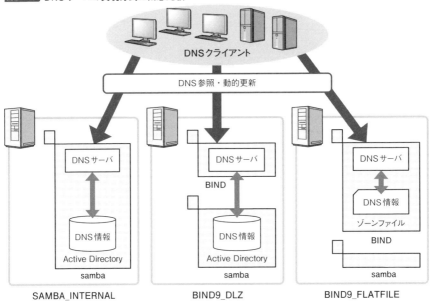

DNS情報はSamba内部のActive Directoryに格納されます。SAMBA_INTERNALでは、Samba自身がこの情報を参照してDNSサーバとして機能します。BIND9_DLZでは、BINDがDLZ機能によりこの情報を参照する特殊なゾーンを提供します。

いずれの場合も、DNSサーバはDC自身や各DNSクライアントからのDNS情報（リソースレコード情報）の更新要求に基づき、格納されているDNS情報を更新します。更新されたDNS情報はActive Directoryの複製機構により各DC間で同期されますので、明示的に複製の設定を行う必要はありません。

ADドメインをサポートするだけであればSAMBA_INTERNALによる内蔵DNSサーバで十分ですが、汎用のDNSサーバとしても使用するケースで内蔵DNSサーバでは機能不足な場合は、BIND9_DLZの導入を検討してください。なお、BIND9_DLZではSambaサーバ上でBINDを動作させる必要があります。

BIND9_FLATFILEは、Active Directoryに格納されるDNS情報をまったく参照せず、通常のゾーンと同様にテキスト形式のゾーンファイルを使用してADドメインに必要なDNSサーバを運用する方式です。技術的には実現できますが、運用が困難なこともあり、Samba 4.1以降ではこのオプション自体が廃止されています。

以降では、BIND9_FLATFILE以外の方式について詳細を説明します。

● 内蔵DNSサーバ（SAMBA_INTERNAL）

内蔵DNSサーバを使用する際の設定例を**リスト5-1-2**に示します。

リスト5-1-2 内蔵DNSサーバの設定例

```
dns forwarder = 192.168.135.2
allow dns updates = secure only
```

内蔵DNSサーバを使用する場合、上位のDNSサーバ（フォワーダ）をdns forwarderパラメータで指定します。DC構築時に自動的に設定されますが、何らかの理由で設定に失敗している場合や、変更が必要な場合は、このパラメータの値を直接変更してください。

allow dns updatesパラメータにより、DNS情報の動的更新の方法を指定します。このパラメータの取り得る値を表5-1-6に示します。特殊な事情がない限り、デフォルト値から変更することは推奨できません。

表5-1-6 allow dns updatesパラメータの値

値	意味
secure only	セキュアな動的更新のみを許可する（デフォルト）
nonsecure	動的更新をすべて許可する
disabled	動的更新を許可しない

内蔵DNSサーバは簡単に構築できるメリットがありますが、セカンダリゾーンをサポートしていないため、BINDなど外部のDNSサーバとゾーン情報を同期させることができません。そのため、DNSサーバを冗長化させたい場合はDC自体を複数構築する必要があります。

また、ルートヒントを使用した反復クエリやキャッシュ機能をサポートしていないため、インターネット上の名前を解決させたい場合は、必ずdns forwarderパラメータに反復クエリをサポートしているDNSサーバを上位DNSサーバとして指定する必要があります。

内蔵DNSサーバで機能が不足する場合は、次で説明するBIND9_DLZを使用してください。

● BIND連携（BIND9_DLZ）

BIND連携を行うことで、Active Directoryに格納されたDNS情報を、BINDで構築したDNSサーバからDLZ（Dynamically Loadable Zones）機能により参照させることができます。

Note

BIND9_DLZはBIND 9.7以降（BIND 9.8以降を推奨）でサポートされています。なおDLZ機能に依存しているため、BIND以外のプロダクトはサポートされていません。

BIND連携に際しては、BIND側の設定も必要となります。以降ではCentOS 7を例に設定を説明します。

・(1) BINDのインストール

BIND 9.8以上をインストールして適切に設定を行います[注13]。CentOS 7の場合はbindパッケージをインストールすることで、本書執筆時点ではBIND 9.9.4がインストールされます。

・(2) named.confファイルのインクルード

Sambaの生成したnamed.confファイルをインクルードします。

CentOS 7やUbuntu Serverのデフォルトでは、このファイルは/var/lib/samba/private/named.confに生成されています[注14]。

ファイルはリスト5-1-3のようになっており、BINDのバージョンによって有効にするdatabase行を手作業で変更する必要があります。CentOS 7の場合は、BINDのバージョンが9.9.4ですので、有効になっているdatabase行をコメントアウトして、コメントになっているdatabase行を有効にする必要があります。

リスト5-1-3 BIND9_DLZ用のnamed.confファイル

```
# This configures dynamically loadable zones (DLZ) from AD schema
# Uncomment only single database line, depending on your BIND version
#
dlz "AD DNS Zone" {
    # For BIND 9.8.0
    database "dlopen /usr/lib/x86_64-linux-gnu/samba/bind9/dlz_bind9.so";

    # For BIND 9.9.0
    # database "dlopen /usr/lib/x86_64-linux-gnu/samba/bind9/dlz_bind9_9.so";
};
```

・(3) keytabファイルの設定

セキュアなDNSの動的更新を有効化するために、Kerberos認証に必要な認証情報を格納したkeytabファイルの設定を行います。CentOS 7やUbuntu Serverの場合、このファイルは/var/lib/samba/private/dns.keytabに生成されていますので[注15]、リスト5-1-4のように、/etc/named.conf[注16]のoptionsステートメント内にtkey-gssapi-keytabオプションを設定します。

注13 BIND 9.7.2以降のBIND 9.7でも設定はできますが、追加の手順が必要となります。詳細はSambaのWikiサイトなどを参照してください。BINDをソースコードからインストールする場合は、configure時に--with-dlopen=yesを指定して、明示的にDLZ機能を有効にする必要があるので注意してください。

注14 FreeBSDでは/var/db/samba4/private/named.confに生成されています。

注15 FreeBSDでは/var/db/samba4/private/dns.keytabに生成されています。

注16 Ubuntu Serverでは/etc/bind/named.conf、FreeBSDでは/usr/local/etc/namedb/named.confファイルを編集します。

リスト5-1-4 named.confの設定

```
options {
    ...
    tkey-gssapi-keytab "/var/lib/samba/private/dns.keytab";
    ...
};
```

ここまでの設定を行うことでBIND連携が有効となります。BINDを起動すると、次のようなログがsyslogに出力されます。

```
Jun  8 01:41:22 ubuntu1404-1 named[1646]: Loading 'AD DNS Zone' using driver dlopen
Jun  8 01:41:23 ubuntu1404-1 named[1646]: samba_dlz: started for DN DC=ADDOM1,DC=AD,DC=LOCAL
Jun  8 01:41:23 ubuntu1404-1 named[1646]: samba_dlz: starting configure
Jun  8 01:41:23 ubuntu1404-1 named[1646]: samba_dlz: configured writeable zone 'ADDOM1.LOCAL'
Jun  8 01:41:23 ubuntu1404-1 named[1646]: samba_dlz: configured writeable zone ↩
'_msdcs.ADDOM1.AD.LOCAL'
```

Sambaサーバを起動することで、BIND経由でActive Directoryに格納されているDNS情報を参照、更新できるようになります。

◉ 構築後のSAMBA_INTERNALとBIND9_DLZの変換

Sambaサーバ構築後にDNSの方式を変更したい場合は、SambaサーバとBINDを停止したうえで、次のコマンドを使用します。

書式 `samba_upgradedns --dnsbackend=[SAMBA_INTERNAL|BIND9_DLZ]`

--dns-backendオプションには変更後の方式を指定します。実行例を次に示します。

```
# samba_upgradedns --dns-backend=BIND9_DLZ
Reading domain information
DNS accounts already exist
No zone file /var/lib/samba/private/dns/ADDOM1.AD.LOCAL.zone
DNS records will be automatically created
DNS partitions already exist
Adding dns-UBUNTU1404-1.ADDOM1.AD.LOCAL account
See /var/lib/samba/private/named.conf for an example configuration include file for BIND
and /var/lib/samba/private/named.txt for further documentation required for secure DNS ↩
updates
Finished upgrading DNS
```

コマンド実行後に、smb.confの設定を行います。SAMBA_INTERNALからBIND9_DLZに変更した場合は、内蔵DNSサーバが起動しないように次の設定を行います。

```
server services = -dns
```

BIND9_DLZからSAMBA_INTERNALに変更した場合は、上記の行を削除するか、次のようにして明示的に内蔵DNSの起動を指定します。

```
server services = +dns
```

NTPサーバの構築と設定

本章冒頭で説明したとおり、ADドメインではDCと各ドメインメンバ間で時刻が同期している必要があります。同期手段としてADドメインの標準ではNTPが使われています。Samba自身はNTPをサポートしていないため、通常はntpdを使用して時刻同期を設定します。

> **Note**
> ADドメインの仕様上はNTP以外の方式で時刻同期を行ってもかまいません。

● NTPの設定

単に時刻を同期させるだけであれば、SambaのDCをNTPサーバとして構成して、ドメインメンバからの時刻同期を受け付けるように設定するだけで十分です。

CentOS 7の場合はntpパッケージをインストールしたうえで、/etc/ntp.confに次のような行を追加して、指定したIPアドレスからのアクセスを受け付けるようにします。

```
restrict 192.168.20.0 mask 255.255.255.0 nomodify notrap
```

ファイアウォールを有効にしている場合は、次のコマンドを実行してファイアウォールでNTPのポートを開放しておきます。

```
# firewall-cmd --add-service=ntp
success
```

Ubuntu Serverの場合は単にntpパッケージをインストールするだけで、任意のIPアドレスからの時刻同期要求を受け付けるようになります。

FreeBSDの場合は、ntpパッケージインストール後に/etc/rc.confに次の行を追加して、自動起動を有効にしたうえで、CentOS 7と同様に適宜外部からのアクセスを受け付ける設定を行ってください。

```
ntpd_enable="YES"
```

● セキュアなNTP認証のサポート

ntpd 4.2.6以降では、**リスト5-1-5**のような設定をntp.confに行うことでADドメイン

独自のセキュアなNTP認証を有効化できます[注17]。

リスト5-1-5 セキュアなNTP認証の設定例
```
ntpsigndsocket /var/lib/samba/ntp_signd/

restrict 192.168.20.0 mask 255.255.255.0 mssntp nomodify notrap
```

ntp_signdディレクトリはADドメインのDCとして設定を行ったSambaサーバの起動時に自動的に作成されます[注18]。ディレクトリにはsocketという名前の特殊なファイルが置かれています。

mssntpというオプションがセキュアなNTP認証を意味します。restrict行にこの設定を行うことで、時刻同期を許可するクライアントをドメインメンバに限定できます。

Sambaの起動と動作確認

前述したsambaプロセスを起動することで、SambaがADドメインのDCとして起動します。起動方法については前述した各プラットフォームの実行例を参照してください。必要に応じてntpdやbindも併せて起動します。

● DCの起動確認

1章 図1-1-4で説明したとおり、SambaのDCではsambaという特殊なプロセスが複数起動します。sambaプロセスは実際にはSambaが提供するサービスごとに1プロセスずつ起動されます。FreeBSDの場合、どのプロセスがどのサービスを提供しているかが、次のようにして容易に確認できます

```
root@fbsd10# ps ax | grep samba
2174   -  Is    0:01.64 /usr/local/sbin/samba --daemon --configfile=/usr/local/
2176   -  I     0:00.02 samba: task[s3fs_parent] (samba)
2177   -  I     0:00.03 samba: task[dcesrv] (samba)
2178   -  S     0:00.04 samba: task[nbtd] (samba)
2179   -  I     0:00.00 samba: task wrepl server_id[2179] (samba)
2181   -  S     0:02.60 samba: task[ldapsrv] (samba)
2182   -  I     0:00.01 samba: task[cldapd] (samba)
2183   -  I     0:00.03 samba: task[kdc] (samba)
2184   -  S     0:00.07 samba: task[dreplsrv] (samba)
2185   -  S     0:00.06 samba: task[winbind] (samba)
2186   -  I     0:00.01 samba: task[ntp_signd] (samba)
2187   -  S     0:00.45 samba: task[kccsrv] (samba)
2188   -  S     0:00.03 samba: task[dnsupdate] (samba)
```

注17　ntpdのconfigure時に--wth-ntp-signdオプションを有効化している必要があります。
注18　FreeBSDの場合、このディレクトリは/var/run/samba4/ntp_signdに作成されます。

これ以外のプラットフォームを含め、次のコマンドを実行することで、各サービスごとのPIDを確認できます。

```
# samba-tool processes
Service:                         PID
-------------------------------
dnsupdate                        4085
nbt_server                       4075
rpc_server                       4074
rpc_server                       4074
cldap_server                     4078
winbind_server                   4082
kdc_server                       4080
samba                            0
dreplsrv                         4081
kccsrv                           4084
ldap_server                      4077
```

sambaプロセスは必要に応じてバックエンドでsmbdプロセスやwinbinddプロセスを起動します。言い換えると、sambaプロセスを起動した環境でsmbdやnmbdといったプロセスを個別に起動してはいけません。

◉ DNSの動作確認

次のようにしてADドメイン特有の名前解決に成功すれば、DNSサーバは機能していると考えてよいでしょう。

```
$ host -t srv _ldap._tcp.dc._msdcs.addom1.ad.local.
_ldap._tcp.dc._msdcs.addom1.ad.local has SRV record 0 100 389 centos7-01.addom1.ad.local.
```

「addom1.ad.local」の部分は、実際のドメイン名に応じて適宜変更してください。

名前解決に失敗する原因として多いのは、DC自身の動的更新に失敗しているケースです。Sambaサーバ上で次のようにsamba_dnsupdateコマンドを実行して、「No DNS updates needed」というメッセージが表示されない場合は、表示されている情報をもとにトラブルシューティングを行ってください。

```
# samba_dnsupdate --verbose
(中略)
No DNS updates needed
```

◉ DCの動作確認

DCの起動後に、次のようにしてSYSVOL共有にアクセスができれば、SambaによるDCは正常に機能していると考えてよいでしょう。

```
$ smbclient //localhost/sysvol -UAdministrator -c 'ls'
Enter administrator's password: ←構築の際設定したAdministratorのパスワードを入力
Domain=[ADDOM1] OS=[Unix] Server=[Samba 4.1.7]
  .                                  D        0  Sat Jan  4 22:51:26 2015
  ..                                 D        0  Mon Jan  6 02:23:48 2015
  addom1.ad.local                    D        0  Sat Jan  4 22:45:34 2015

            39308 blocks of size 524288. 35287 blocks available
```

●Windowsクライアントのドメイン参加

WindowクライアントからはWindowsサーバで構築したADドメインとまったく同等に扱ってかまいません。SambaのDCをDNSサーバとして指定して、通常どおりの手順でADドメイン参加を行うことで図5-1-4のようにADドメインへの参加できるはずです。

図5-1-4 ADドメインへの参加

参加に成功したらADドメインのユーザでログオンできることを確認してください。

ADドメインの管理ツールであるRSATをインストールしたWindowsクライアントをドメインに参加させ、Administratorとしてログオンの上「Active Directory ユーザーとコンピューター」（以下ADUC）を起動すると、図5-1-5のようにDomain Controllers内にドメインコントローラのアイコンが存在していることを確認できます。

図5-1-5 ADUCによるドメインコントローラの確認

追加のDCの構築

Sambaは既存のADドメインに対する追加のDCとして構築することもできます。以下ここまでで構築したADドメインにSambaサーバを追加のDCとして追加するケースを例に手順を説明します。

● DCの追加

DCを追加する際は、次の手順で行います。

・① DNSの参照先設定
DNSサーバの参照先を参加させるADドメインのDNSサーバに設定します。

・② Kerberosクライアントパッケージのインストール
Kerberosのクライアント機能を提供するパッケージをインストールします。プラットフォームに応じて**表5-1-7**のパッケージをインストールします。

表5-1-7 Kerberosクライアントパッケージ

CentOS	krb5-workstation
Ubuntu Server	krb5-user
FreeBSD	(追加パッケージ不要)

・③ krb5.confファイルの設定
krb5.confファイルに**リスト5-1-6**のような設定を追加し、default_realmオプションに参加させるADドメインのFQDNを設定します。

リスト5-1-6 krb5.confの設定例

```
[libdefaults]
 dns_lookup_realm = true
 dns_lookup_kdc = true
 default_realm = ADDOM1.AD.LOCAL

[realm]
  ADDOM1.AD.LOCAL = {
    kdc = 192.168.20.11
  }

[domain_realm]
  .addom1.ad.local = ADDOM1.AD.LOCAL
  addom1.ad.local = ADDOM1.AD.LOCAL
```

- ④ ドメインへの参加

samba-tool domain joinコマンドによりDCの追加を行います。

書式 samba-tool domain join *ドメインのFQDN* DC --realm=*ドメインのFQDN* -U *参加を実行するユーザ* [オプション]

コマンドの主なオプションを**表5-1-8**に示します。

表5-1-8 samba-tool domain joinの主なオプション

オプション名	意味
--site=サイト	ドメインコントローラを追加するサイト名。後から変更可能
--dns-backend=[SAMBA_INTERNAL, BIND9_DLZ, BIND9_FLATFILE, NONE]	使用するDNSの方式。デフォルトはSAMBA_INTERNAL（Samba内蔵のDNSサーバ）

DCを追加する際には、ドメインのFQDNに続き「DC」を指定します。デフォルト以外のサイトにDCを追加する際には--siteオプションを指定してください。--dns-backendと--realmオプションの意味は、samba-tool domain provisionコマンドと同一ですので、前述した説明を参照してください。

コマンドの実行例を次に示します。

```
# samba-tool domain join addom1.ad.local DC -U administrator --realm=ADDOM1.AD.LOCAL ↵
--dns-backend=SAMBA_INTERNAL
Finding a writeable DC for domain 'addom1.local'
Found DC ubuntu1404-02.ADDOM1.AD.LOCAL
Password for [WORKGROUP\administrator]:  ←パスワードを入力
workgroup is ADDOM1
realm is ADDOM1.AD.LOCAL
checking sAMAccountName
Adding CN=UBUNTU1404-2,OU=Domain Controllers,DC=ADDOM1,DC=AD,DC=LOCAL
Adding CN=UBUNTU1404-2,CN=Servers,CN=Default-First-Site-Name,CN=Sites,CN=Configuration,↵
```

```
DC=ADDOM1,DC=AD,DC=LOCAL
(中略)
Setting isSynchronized and dsServiceName
Setting up secrets database
Joined domain ADDOM1 (SID S-1-5-21-3765940662-1496847615-115565967) as a DC
```

　パスワード入力後10数秒程度で参加が完了するはずです。参加が成功すると、「Active Directoryユーザとコンピュータ」の「Domain Controllers」OU内に追加のDCのアイコンが表れます。

・⑤ DNSサーバの設定変更
　--dns-backendオプションの値としてBIND9_DLZを指定した場合は、前述したようにBIND関連の設定を行ってください。デフォルトのSAMBA_INTERNALを指定した場合は、必要に応じて関連パラメータの設定を行ってください。

・⑥ DNSの参照先設定
　DNSサーバの参照先を自分自身に変更します。

● DCの動作確認

　ここまでの設定が完了したら追加のDC上でsambaプロセスを起動して動作確認を行います。先ほどと同様にしてSYSVOL共有にアクセスができれば、ADドメインのユーザ情報が正常に同期されていることが確認できるため、追加DCは正常に機能していると考えてよいでしょう。

> **Note**
> 　このほか、ユーザやグループを作成して複製されることや、実際に追加DCを認証サーバとしてログオンできることも適宜確認してください。

　samba-tool drs showreplコマンドにより、Active Directoryの複製状況をより詳細に確認できます。実行例を次に示します。

```
# samba-tool drs showrepl
Default-First-Site-Name¥CENTOS7-2
DSA Options: 0x00000001
DSA object GUID: 39e183ee-c290-4bff-9655-af9e8b4e72e4
DSA invocationId: 2017e825-f2c7-4866-8e1c-46a2c546cfbe

==== INBOUND NEIGHBORS ====

CN=Configuration,DC=addom1,DC=ad,DC=local
        Default-First-Site-Name¥UBUNTU1404-2 via RPC
                DSA object GUID: f56ee203-b8e6-4abe-9d45-af1b8f6a12e4
```

```
                      Last attempt @ Tue Aug 25 23:57:24 2015 JST was successful
                      0 consecutive failure(s).
                      Last success @ Tue Aug 25 23:57:24 2015 JST
 (中略)
DC=addom1,DC=ad,DC=local
        Default-First-Site-Name\UBUNTU1404-2 via RPC
            DSA object GUID: f56ee203-b8e6-4abe-9d45-af1b8f6a12e4
            Last attempt @ NTTIME(0) was successful
            0 consecutive failure(s).
            Last success @ NTTIME(0)

==== KCC CONNECTION OBJECTS ====

Connection --
        Connection name: 64d4e0d7-ccf5-48fd-a4d4-c1a9e9481bdd
        Enabled        : TRUE
        Server DNS name : ubuntu1404-2.addom1.ad.local
        Server DN name  : CN=NTDS Settings,CN=UBUNTU1404-2,CN=Servers,⏎
CN=Default-First-Site-Name,CN=Sites,CN=Configuration,DC=addom1,DC=ad,DC=local
        TransportType: RPC
        options: 0x00000001
Warning: No NC replicated for Connection!   ←この警告は無視してよい
```

　各複製のステータスが「0 consecutive failure(s).」かつ「Last attempt ... was successful」となっていることを確認してください。なお、最終行の「Warning: ...」行は無視してかまいません。初回起動時は、念のためこのコマンドでエラーが発生しないことを確認することをお勧めします。

　なお、ここまでの設定を行っただけではSYSVOL共有の同期が行われないため、DCとしては機能不全の状態です。引き続き次で説明するSYSVOL共有の設定を行ってください。

● SYSVOL共有同期の設定

　ADドメインでは、各DC間でSYSVOL共有の内容が同期されている必要があります。図5-1-1のとおり、Windowsサーバのサーバ間のSYSVOL共有の複製は、DFS-RもしくはFRSといった[注19]プロトコルによって行われますが、本書執筆時点でのSambaはこれらのプロトコルをサポートしていません。個別に複製の設定が必要なのはそのためです。

　複製自体はどのような方法で行ってもかまいません。ただし、単にファイルをコピーしただけでは、ファイルのアクセス許可の設定が不適切になり、グループポリシーなどが正しく動作しません。そのため、通常はファイルのコピー後にsamba-tool ntacl sysvolresetコマンドを実行してSYSVOL共有内のファイルのアクセス許可を再設定する

注19　Windows Server 2008以降ではDFS-Rの使用が推奨されていますが、Windows Server 2003 R2以前からアップグレードされたADドメインでは、古い複製機構であるFRSも使用できます。

必要があります[注20]。

COLUMN　SYSVOL共有の複製スクリプト例

SYSVOL共有の複製例として、**リスト5-1-7**に指定したDCのSYSVOL共有をSambaサーバに複製するスクリプトを示します。

リスト5-1-7　SYSVOL共有の複製スクリプト

```
#!/bin/sh
SYSVOLDIR=/var/lib/samba/sysvol
DCNAME=ubuntu1404-02                  ← 環境に応じて適宜変更
DOMAINNAME=addom1.ad.local

# 時刻の同期
net time set -S ${DCNAME}

# SYSVOL共有内の内容をいったん削除
cd ${SYSVOLDIR}
rm -rf *

# SYSVOL共有に接続し、内容をフルコピー
smbclient //${DCNAME}/sysvol -A /etc/samba/dcpass -D {DOMAINNAME} -Tcag - | tar xf -

# SYSVOL共有のアクセス許可を再設定
samba-tool ntacl sysvolreset
```

このスクリプトは、smbclientコマンドを使用してDCのSYSVOL共有に接続し、共有内のすべてのファイルを複製するという片方向の同期を実現します。複製後にSYSVOL共有のアクセス許可を再設定しています。

複製元のDCへの接続に用いるユーザ名とパスワードは、/etc/samba/dcpassというファイルから取得するように設定しています。このファイルには**リスト5-1-8**のようにユーザ名とパスワードを記述します。セキュリティ上ファイルの所有者をrootにしたうえで、パーミッションを600にしておいてください。

リスト5-1-8　ユーザ名とパスワードの記述例

```
username=Administrator
password=P@ssw0rd
```

スクリプトを定期的に実行することでSYSVOL共有の内容を同期できます。

注20　SambaのWikiページ「SysVol Replication (https://wiki.samba.org/index.php/SysVol_Replication)」にrsyncの設定例が掲載されていますので、適宜参照してください。

Note

　片方向の複製を行う場合は、グループポリシーやログオンスクリプトなどの運用の際に注意が必要です。WindowsサーバのDC間では双方向の複製が行われているため、グループポリシーやログオンスクリプトは、どのDCで更新してもかまいません。一方、SambaサーバのDC間で片方向の複製を行う場合は、複製元になっているDC上で更新する必要があるため、自分が接続しているDCを意識して更新作業を行う必要があります。

　「グループポリシーの管理」は、デフォルトではPDCエミュレータ（FSMOの1つ）に接続して操作を行いますので、PDCエミュレータが複製元になるよう、複製の設定を行ってください[注21]。

COLUMN　WindowsサーバのDCとSambaサーバのDCの混在環境

　Sambaサーバで構築したADドメインにWindowsサーバのDCを参加させることや、Windowsサーバで構築したADドメインにSambaのDCを参加させることもできます。参加の手順については、既存のDCがWindowsサーバであってもSambaサーバであっても変わりはありません。

　ただし、SYSVOL共有の同期や時刻同期で注意が必要なことに加え、構成によってはFSMOの配置やサイト設定など、各種で混在環境を意識した設定が必要になり、トラブル対応も含め、ADドメインの挙動について相応の知識が必要となります。このため、現状ではWindowsサーバのDCからSambaサーバのDCへ移行する過程での暫定的な時期をのぞき、DCの混在は推奨できません。

　以下、混在環境での運用の留意点を簡単に記載します。

・ドメインへの参加
　DCを追加させる手順は、通常の手順と同一です。

・DNSサーバ
　SambaのDCがActive Directory統合ゾーン以外をサポートしていないため、ゾーンのタイプをそれ以外に変更してはいけません。

・時刻同期
　デフォルトの設定の場合、ドメインメンバは任意のDCに対してNTPによる時刻同期を行う可能性があるため、ドメインメンバからの要求を受け入れるよう、NTPサーバを適切に構成する必要があります。また、ADドメイン内ではPDCエミュレータを頂点とする時刻同期ツリーが構築されますので、SambaサーバのDCもそれに準じてPDCエミュレータなどと時刻同期を行うように、設定する必要があります。

注21　なんらかの事情で、PDCエミュレータ以外を複製元とせざるを得ない場合は、明示的に接続先のDCを変更の上、操作を行う運用を徹底してください。

- SYSVOL共有の同期

  何らかの方法でSYSVOL共有を同期する必要があります。片方向の同期でよい場合は、**リスト5-1-7**のスクリプトを使ってもかまいません。

◉ 時刻同期の設定

デフォルトの構成の場合、DCはクライアントに対してNTPサーバとして機能する必要があります。また、ADドメイン全体での時刻を同期させるため、DC自身は1台目のDC[注22]と時刻を同期させる必要があります。

2台目以降のDCでは、1台目のDCの設定に応じて、serverもしくはpeerオプションで1台目のDCを指定することで、時刻同期を行うようにしてください。

たとえば、1台目のDCのIPアドレスが192.168.20.11の場合に2台目のDCのntp.confに次のように設定することで、1台目のDCに時刻を同期するようになります。

```
server 192.168.20.11
```

注22 WindowsのDCの場合、PDCエミュレータとなっているDCが時刻同期のマスタとなり、ほかのDCはPDCエミュレータとなっているDCに対して時刻を同期します。

5-2

ADドメインの管理

Sambaで構築したADドメインの管理は、基本的にWindowsクライアントから「Active Directoryユーザーとコンピューター」を始めとするADドメインの管理ツールで行うことが想定されています。samba-toolコマンドでも一部の管理作業はできますが、機能としては不十分ですので、ADドメインの管理ツールとの併用が必須です。

ただし、ADドメインのDC自体の設定など、一部の設定はsamba-toolコマンドによりSambaサーバ上で行う必要があります。なお、基本的にsmb.confファイルを直接変更する必要はありません。

基本的には、DC自体の設定など、どうしてもSambaサーバ上で行わないといけない操作以外は、ADドメインの管理ツールから行うことをお勧めします。

COLUMN　ADドメインの管理ツール

WindowsクライアントにはADドメインの管理ツールがデフォルトではインストールされていないため、別途インストールを行う必要があります[注23]。

Windows Vista以降の管理ツールはRSAT (Remote Server Administration Tools) と呼ばれています。図5-2-1のように、RSATはWindowsクライアントの各バージョンに対応したものが、Microsoft社のWebサイトで提供されていますので、ダウンロードの上インストールします[注24]。

図5-2-1 RSATのダウンロードページ (Windows 7)

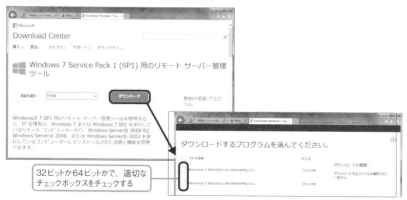

[注23] WindowsサーバにはADドメインの管理ツールが同梱されています。
[注24] Windows XP以前では、対応するバージョンのWindowsサーバに存在するadminpak.msiというファイルをインストールすることでADドメインの管理ツールがインストールされます。

Windows VistaやWindows 7の場合は、インストール後図5-2-2のように①コントロールパネルの「プログラム」をクリックし、②Windowsの機能の有効化または無効化をクリックすると表示されるWindowsの機能画面から、③ADドメインの管理ツールなどをチェックしてOKを押すことで、ツールを有効化する必要があります。Windows 8以降では、インストールが完了した時点ですべての管理ツールが「管理ツール」メニューに表示されますので、図5-2-2の手順は不要です。

図5-2-2 RSATの有効化（Windows 7）

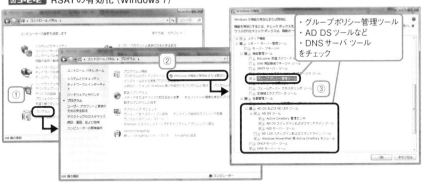

RSATには多くの管理ツールが含まれていますが、ADドメインの管理に関係するのは次の6つです。

- Active Directory サイトとサービス
- Active Directory ドメインと信頼関係
- Active Directory ユーザーとコンピューター
- ADSI エディタ
- DNS マネージャー
- グループ ポリシーの管理

この中でもとくによく使うのは「Active Directory ユーザーとコンピューター」です。なお、「Active Directory 管理センター」という管理ツールもインストールされますが、Sambaにより構築したDCでは使用できません。

> **Note**
>
> Windows 10のRSATは英語版、日本語版どちらでも日本語自体を扱うことはできますので、管理上の問題はありませんが、日本語環境に英語版のRSATをインストールする際には注意が必要です[注25]。

注25 本書執筆時点では、言語環境が英語（US）の状態でインストールを行わないと、RSATのインストールに失敗します。インストール後は日本語に戻してかまいません。http://qiita.com/fjtter/items/40be6c67d1811ac4e8b0

samba-toolによるADドメインの管理

SambaサーバからのADドメインの管理は、基本的にsamba-tool domainコマンドを使って行います。表5-2-1に主なサブコマンドを示します。

表5-2-1 samba-tool domainコマンドの主なサブコマンド

サブコマンド	意味
provision	新規ドメインのドメインコントローラの構築
join	既存ドメインへの追加のドメインコントローラやメンバサーバとしての参加
classicupgrade	Sambaで構築したNTドメインからのアップグレード
demote	ドメインコントローラの降格
level	フォレストやドメインの機能レベルの上昇
passwordsettings	アカウントポリシーの設定

samba-tool domainコマンドはサブコマンドによって動作がまったく異なるため、サブコマンドごとに説明します。なおsamba-tool domain provisionコマンドとsamba-tool domain joinコマンドは説明済のため、本項での説明は省略します。また、samba-tool classicupgradeコマンドについては**5-3節**で説明するので、本節での説明は省略します。

●DCの降格

DCを追加すると、ADの各所に関連する設定が追加されます。そのため不要になったDCを単に停止しておくと、同名のDCを追加できない、複製のエラーが発生し続けるといった問題が発生します。

こうした問題はADの機能不全に直結するものではないので、意味を理解したうえで無視することもできますが、不要になったDCを「降格」して、これらの設定を削除することが強く推奨されています。

SambaのDCの降格は、samba-tool domain demoteコマンドを使用します。このコマンドは、必ず降格するDC上で実行する必要があります。

[書式] `samba-tool domain demote`

何らかの理由でDCの降格に失敗した場合や、降格を行わずにDCを削除してしまった場合は、手作業で関連する設定を削除すること（強制降格）もできます。手順についてはWindowsのDCに準じます。

 WindowsサーバのDCの（正常）降格については、Windowsサーバの通常の手順に従って実施します。ただし、Samba 4.2までのDCではサポートされていません。Samba 4.3では対応する予定です。

● アカウントポリシーの設定

前述したSambaの実装上の制限で[注26]、パスワードの最低長や有効期限といったADドメインのアカウントポリシーについては、グループポリシーの設定が反映されません。そのため、samba-tool passwordsettingsコマンドで設定を行う必要があります。

書式 samba-tool domain passwordsettings {show|set --設定名=値}

showオプションにより、次のように設定可能なオプションと、現在の設定が一覧表示されます。

```
# samba-tool domain passwordsettings show  ←設定の表示
Password informations for domain 'DC=samba4ad,DC=local'

Password complexity: on
Store plaintext passwords: off
Password history length: 24
Minimum password length: 7
Minimum password age (days): 0
Maximum password age (days): 42
```

setオプションにより、設定の変更ができます。次にパスワード複雑性の強制オプションの設定変更例を示します。

```
# samba-tool domain passwordsettings set --complexity=off  ←パスワード複雑性の強制オプションを無効化
Password complexity deactivated!
All changes applied successfully!
# samba-tool domain passwordsettings show  ←設定の表示
Password informations for domain 'DC=samba4ad,DC=local'

Password complexity: off
(以下略)
```

samba-tool domain passwordsettings -hコマンドでsetオプションのあとに指定可能なオプションが一覧表示されます。

● 機能レベルの制御

本章冒頭で説明したとおり、ADにはドメインと複数ドメインからなるフォレストという概念があります。各々には互換性を意味する機能レベルという設定があり、インストール直後はWindows Server 2003互換に設定されています。

機能レベルを上げることで古いバージョンのDCとの共存ができなくなる代わりに、

注26 SambaのDCはグループポリシーを提供するサーバとしてのみ動作し、グループポリシー適用先のクライアントとしては動作しないためです。

新しい機能を使用できるようになります。なお、一度上げた機能レベルは下げることができないので注意してください注27。

機能レベルの制御はWindowsの管理ツールから行うこともできますが、samba-tool domain levelコマンドで行ってもかまいません。

書式 samba-tool domain level {show|raise {--forest-level=レベル|--domain-level=レベル}}

showオプションにより、次のように現在の機能レベルが表示されます。

```
# samba-tool domain level show
Domain and forest function level for domain 'DC=ADDOM1,DC=AD,DC=LOCAL'

Forest function level: (Windows) 2003
Domain function level: (Windows) 2003
Lowest function level of a DC: (Windows) 2003
```

raiseオプションにより機能レベルを上げることができます。実行例を次に示します。

```
# samba-tool domain level raise --domain-level=2008 --forest-level=2008
Domain function level changed!
Forest function level changed!
All changes applied successfully!
```

SambaのDCはWindows Server 2012以降の機能レベルに対応していません。何らかの操作で機能レベルを上げてしまった場合、SambaのDCは正常に機能できなくなりますので注意してください。

● FSMOの管理

本章冒頭で解説したとおり、ADドメインのDCは基本的に対等の関係ですが、例外としてFSMOと呼ばれる5つの特殊な役割は特定のDCに割り当てる必要があります。

デフォルトでは、最初に構築したDCがすべてのFSMOを保持しています。小規模なドメインであれば、設定を変更する必要はないでしょう注28。

FSMOの管理はWindowsクライアントで行うこともできますが、samba-tool fsmoコマンドで行ってもかまいません。主なオプションを**表5-2-2**に示します。

書式 samba-tool fsmo {show|transfer|seize} [--role=FSMOロール名]

注27 WindowsサーバのDCでは、一部の機能レベルについて、環境によっては下げることもできますが、Sambaではサポートされていません。
注28 FSMOの詳細や、変更した方がよい場合の実例などは、Microsoft社のドキュメントなどを参照してください。

表5-2-2 samba-tool fsmoコマンドの主なオプション

コマンド名	説明
transfer	指定したFSMOを転送する
seize	指定したFSMOを強制する
show	現在FSMOとなっているDCを表示する

showオプションにより、次のように現在FSMOを保持しているDCが表示されます。

```
# samba-tool fsmo show
InfrastructureMasterRole owner: CN=NTDS Settings,CN=UBUNTU1404-1,CN=Servers,
CN=Default-First-Site-Name,CN=Sites,CN=Configuration,DC=ADDOM1,DC=LOCAL
RidAllocationMasterRole owner: CN=NTDS Settings,CN=UBUNTU1404-1,CN=Servers,
CN=Default-First-Site-Name,CN=Sites,CN=Configuration,DC=ADDOM1,DC=LOCAL
PdcEmulationMasterRole owner: CN=NTDS Settings,CN=UBUNTU1404-1,CN=Servers,
CN=Default-First-Site-Name,CN=Sites,CN=Configuration,DC=ADDOM1,DC=LOCAL
DomainNamingMasterRole owner: CN=NTDS Settings,CN=UBUNTU1404-1,CN=Servers,
CN=Default-First-Site-Name,CN=Sites,CN=Configuration,DC=ADDOM1,DC=LOCAL
SchemaMasterRole owner: CN=NTDS Settings,CN=UBUNTU1404-1,CN=Servers,
CN=Default-First-Site-Name,CN=Sites,CN=Configuration,DC=ADDOM1,DC=LOCAL
```

FSMOを転送する場合は、--transferオプションを使用します。すべてのFSMOを転送する例を次に示します。

```
# samba-tool fsmo show  ←FSMOを保持しているサーバを確認
InfrastructureMasterRole owner: CN=NTDS Settings,CN=WIN2K3R2ENT-1,CN=Servers,
CN=Default-First-Site-Name,CN=Sites,CN=Configuration,DC=ADDOM1,DC=LOCAL
(中略)
# samba-tool fsmo transfer --role=all  ←すべてのFSMOの転送
FSMO transfer of 'rid' role successful
FSMO transfer of 'pdc' role successful
FSMO transfer of 'naming' role successful
FSMO transfer of 'infrastructure' role successful
FSMO transfer of 'schema' role successful
# samba-tool fsmo show  ←FSMOを保持しているサーバを再度確認
InfrastructureMasterRole owner: CN=NTDS Settings,CN=UBUNTU1404-1,CN=Servers,
CN=Default-First-Site-Name,CN=Sites,CN=Configuration,DC=ADDOM1,DC=LOCAL
(中略)
```

FSMOの転送は、転送元のDCと転送先のDCが通信することで行われます。転送元のDCに障害が発生して起動しないなどの状況で通信ができない場合、--seizeオプションによりFSMOを強制させる[注29]ことができます。強制により、現状FSMOを保持しているDCの状態とは無関係に、指定したDCがFSMOに設定されます。

注意 強制を行ったあとに、もともとFSMOを保持していたDCを起動した場合、同一のFSMOを複数のDCが保持している状態となってADドメインの整合性に問題が発生するため、絶対に起動してはいけません。

注29 日本語的に違和感ある表現ですが、Microsoft社の表記に準じています。

Sambaサーバ上でのユーザとグループの管理

前述したように、DC自体の管理を除く各種管理作業は基本的にWindowsの管理ツールを使って行いますが、ユーザとグループについては、Sambaサーバ上で各種コマンドを使用して管理することもできます。以下、本項ではSambaサーバ上でのユーザとグループの管理方法を簡単に説明します。

● ユーザの作成

ADドメインのユーザの作成はsamba-tool user addコマンドもしくはpdbedit -aコマンドで行います。

書式
```
samba-tool user add ユーザ名 パスワード [オプション]
pdbedit -a [オプション] ユーザ名
```

各コマンドの主なオプションを表5-2-3に示します。

表5-2-3 主なオプション[注30]

samba-tool user addコマンドのオプション	対応するpdbeditコマンドのオプション[注30]	意味
--use-username-as-cn	-	ユーザの姓名を指定している際に、CN名としてユーザ名を使用する
--must-change-at-next-login	-	次回ログオン時にパスワード変更
--userou=OU名	-	ユーザを作成するOU
ユーザの主要属性		
--surname=名前	-	ユーザの名
--given-name=名前	-	ユーザの姓
--profile-path=パス	-p	移動プロファイルのパス
--script-path=パス	-S	ログオンスクリプト名
--home-drive=ドライブ名	-D	ホームディレクトリをマウントするドライブ名
--home-directory=パス	-h	ユーザのホームディレクトリのパス
-	-c	アカウント属性
UNIX属性関連		
--nis-domain=NISドメイン名	-	NISドメイン名
--unix-home=ホームディレクトリ	-	ホームディレクトリ
--uid=ユーザ名	-	ユーザ名
--uid-number=UID	-	UID
--gid-number	-	プライマリグループのGID
--login-shell=シェル	-	シェル

[注30] pdbeditコマンドのオプションには、長いオプションと短いオプションが存在していますが、ここでは短いオプションのみを紹介しています。

基本的にはsamba-tool user addコマンドで作成することが推奨されます。user1というユーザ（パスワードはP@ssw0rd）を、次回ログオン時にパスワード変更を必須とする設定で、Samba1というOU内に新規に作成する際の実行例を次に示します。

```
# samba-tool user add user1 P@ssw0rd --userou=OU=Samba1 --must-change-at-next-login
User 'user1' created successfully
```

--must-change-at-next-loginオプションにより、**図5-2-3**の「ユーザーは次回ログオン時にパスワード変更が必要」チェックボックスにチェックされた状態でユーザが作成されます。また--userouオプションにより、Samba1というOU内にユーザが作成されます。

図5-2-3 user1のプロパティ

--use-username-as-cnは、--surnameや--given-nameオプションで、ユーザの姓や名を指定している際のCNを制御するものです。たとえば次のようにしてユーザを作成した場合、

```
# samba-tool user add --surname=Motonobu --given-name=TAKAHASHI monyo P@ssw0rd
User 'monyo' created successfully
```

デフォルトでは**図5-2-4**のように、「名前」としてmonyoではなくTAKAHASHI Motonobuという表示が行われます。

図5-2-4 「名前」の表示形式

--use-username-as-cnを指定することで、ここで表示される名前（CN）をmonyoにできます[注31]。

最後に、**4.3節**で説明したUNIX属性を設定する例を示します。

```
# samba-tool user add user2 P@ssw0rd --nis-domain=ADDOM1 --unix-home=/home/user2 ↩
--uid=user2 --uid-number=10002 --gid-number=10000 --login-shell=/bin/bash
User 'user2' created successfully
```

　Windowsクライアントの管理ツールからUNIX属性を編集したい場合は、--nis-domainオプションでNISドメイン名として**4章 図4-3-1**の「NISドメイン」で選択可能なNISドメイン名を指定する必要があります[注32]。さらに--nis-domainオプションを指定した場合は、**表5-2-3**でUNIX属性関連として示した5つのオプションをセットで設定する必要があります。

　このほかにもオプションとして、プロファイルのパスやホームディレクトリなど多数の項目を指定できます。主要なオプションを**表5-2-3**に示します。オプションの一覧は、

```
# samba-tool user add -h
```

と実行してヘルプを参照してください。

■ ユーザの設定変更

　次のコマンドにより、作成したユーザのパスワード有効期限を設定できます。

書式 samba-tool user setexpiry *ユーザ名* [--noexpiry] [--days=*日数*]

　次のようにユーザ名のあとにオプションを指定せずに実行すると、ユーザはパスワード有効期限切れ状態となります。

```
# samba-tool user setexpiry user3
Expiry for user 'user3' disabled.
```

　--noexpiryオプションを指定して実行すると、**図5-2-3**の「パスワードを無期限にする」設定が行われます。--daysオプションを指定することで、指定した日数後にパスワードを有効期限切れにする設定ができます。

　また、次のコマンドにより、ユーザの有効化、無効化の制御ができます。

[注31] CNは、ユーザ作成後に変更することもできます。
[注32] NISドメインを指定したユーザを作成したあとに、4.3節のコラムで紹介した方法でNISドメイン名を選択可能にしてもかまいません。

書式 samba-tool user {enable|disable} ユーザ名

作成したユーザのプロファイルやホームディレクトリといった設定を変更したい場合は、samba-tool userコマンドではできないため、pdbeditコマンドで行う必要があります。ログオンスクリプトを指定する実行例を次に示します。

```
# pdbedit -S logon.bat user1
Unix username:       user1
(中略)
HomeDir Drive:
Logon Script:        logon.bat
Profile Path:
(中略)
```

これ以外にも多くの設定を変更できます。主な設定については、**表5-2-3**やpdbeditコマンドのヘルプを参照してください。

● ユーザの削除と一覧

ユーザの削除は、次のようにしてsamba-toolコマンドで行います。

```
# samba-tool user delete samba04
Deleted user samba04
```

書式 samba-tool user delete ユーザ名

2章で説明したpdbedit -xコマンドを使用してもかまいません。

ユーザの一覧については、samba-tool user listコマンドや、**2章**で説明したpdbedit -Lwコマンドで行います。

```
# samba-tool user list
Administrator
samba01
samba02
samba03
```

pdbedit -Lwコマンドの方が高機能です。

● ユーザのパスワード設定

ユーザ作成後のパスワード設定は、次のようにして行います。

```
# samba-tool user setpassword samba01
New Password:
Changed password OK
```

なお、一般ユーザも次のようにして自身のパスワードを変更できます。

```
$ samba-tool user password
Password for [ADDOM1\samba01]: ←現在のパスワード
New Password: ←新しいパスワード
Retype Password: ←新しいパスワード
Changed password OK
```

2章で説明したsmbpasswdコマンドでパスワード変更を行うこともできます。

● グループの管理

ADドメインのグループ管理はsamba-tool groupコマンドで行います。主なサブコマンドを**表5-2-4**に示します。

表5-2-4 samba-tool groupコマンドのサブコマンド

サブコマンド名	説明
add	グループを新規に追加する
addmembers	グループにユーザを追加する
delete	グループを削除する
list	グループの一覧を表示する
listmembers	グループに所属するユーザを一覧表示する
removemembers	グループからユーザを削除する

グループの追加はsamba-tool group addコマンドで行います。

書式 `samba-tool group add グループ名 [オプション]`

主なオプションを**表5-2-5**に示します。

表5-2-5 samba-tool group addの主なオプション

オプション	意味
--groupou=*OU名*	グループを作成するOU
--group-scope={Domain, Global, Universal}	グループの範囲を指定
--group-type={Security, Distribution}	グループの種別を指定

範囲や種別の意味はADのドキュメントを参照してください。残念ながらUNIX属性をコマンドから操作することはできません。

group1というグローバルセキュリティグループをSamba1というOU内に新規に作成し、user1というユーザをメンバとして追加したうえで、group1に所属するユーザを一覧表示するところを次に示します。

```
# samba-tool group add group1 --groupou=ou=Samba1 --group-scope=Global --group-type=Security
Added group group1
# samba-tool group addmembers group1 user1
Added members to group group1
# samba-tool group listmembers group1
user1
```

引き続き、user1をメンバから削除したうえで、group1を削除したところを次に示します。

```
# samba-tool group removemembers group1 user1
Removed members from group group1
# samba-tool group delete group1
Deleted group group1
```

DNSの管理

DNSの管理としては、大きくDNSサーバ自体の設定と、DNS情報の管理があります。DNSサーバ自体の設定については、DNSサーバの実現方式によりますが、

- Samba内蔵DNSサーバについてはsmb.confファイル
- BIND9_DLZの場合はBINDの設定ファイル

によって行います。

ゾーン情報やリソースレコードなどのDNS情報について、ADドメインに必要なDNS情報については、動的更新により自動的に更新されますので、基本的に管理を行う必要はありません。

何らかの理由で静的レコードの追加を行う場合や、情報を参照する際は、Windowsのリモート管理ツールに含まれるDNSマネージャーからの操作が推奨されますが、以下で説明するsamba-tool dnsコマンドを使用することもできます。samba-tool dnsコマンドの主なサブコマンドを表5-2-6に示します。

表5-2-6 samba-tool dnsコマンドのサブコマンド

サブコマンド	意味
add	DNSレコードの追加
delete	DNSレコードの削除
query	DNS名の照会
roothints	ルートヒントの照会
serverinfo	サーバ情報の照会
update	DNSレコードの更新
zonecreate	DNSゾーンの作成

zonedelete	DNSゾーンの削除
zoneinfo	DNSゾーン情報の照会
zonelist	DNSゾーン一覧の照会

Sambaサーバ上から、addom1.ad.localゾーンにtest1というAレコードを192.168.20.1という情報で追加したうえで、それを参照する実行例を次に示します。

```
# samba-tool dns add localhost addom1.ad.local tes1 A 192.168.20.1 -U administrator
Password for [ADDOM1\administrator]: ←パスワードを入力
Record added successfully
# samba-tool dns query localhost addom1.ad.local test1 A -U administrator
Password for [ADDOM1\administrator]: ←パスワードを入力
  Name=, Records=1, Children=0
    A: 192.168.20.1 (flags=f0, serial=2, ttl=900)
```

samba-tool dns serverinfoコマンドにより、次のようにDNSサーバの各種設定を表示できます。

```
# samba-tool dns serverinfo localhost -Uadministrator
Password for [ADDOM1\administrator]: ←パスワードを入力
  dwVersion                    : 0xece0205
  fBootMethod                  : DNS_BOOT_METHOD_DIRECTORY
  fAdminConfigured             : FALSE
  fAllowUpdate                 : TRUE
  fDsAvailable                 : TRUE
(中略)
```

WindowsサーバのDNSサーバでは、これらの設定をDNSマネージャーから変更できますが、Sambaでは、今のところこれらの設定を変更することはできないようです。

5-3 その他のトピック

ここまでの設定を理解することで、SambaをADドメインのドメインコントローラとして構築して、管理できるようになりました。

本節では、DCであるSambaサーバ上でのUNIXユーザの扱いやドメイン移行といった関連するトピックについて説明します。

DC上でのADドメインのユーザとWinbind機構

Sambaで構築したADのDCとして構築したSambaサーバでは、Winbind機構が自動的に有効化され、内部的にはADドメインのユーザやグループに対応するUNIXユーザが自動的に作成されています。

> **Note**
>
> Samba 4.1までのDCでは、Winbind機構はsambaプロセスに内蔵されていました。一方、Samba 4.2以降からのWinbind機構の実装は、sambaプロセスがwinbinddプロセスを起動する形に実装が変更されています。
>
> これは、同じWinbind機構でありながら、**4章**で説明したwinbinddプロセスとsambaプロセス内蔵のWinbind機構という実装が存在していることで、微妙に動作や設定方式が異なるという状況を解消するとともに、開発の効率化を図るためだと説明されています。
>
> 何らかの理由で、Samba 4.2以降でもSamba 4.1以前の内蔵Winbind機構を有効にしたい場合は、smb.confで次の設定を行います。
>
> ```
> server services = +winbind -winbindd
> ```

4.2節の説明に準じて、/etc/nsswitch.confファイルのpasswdとgroup行について次のように修正することで、ADドメインのユーザやグループに対応するUNIXユーザやグループを認識できます。

```
group:          files winbind
passwd:         files winbind
```

図4-2-2に準じて、wbinfoコマンドによる確認例を次に示します。

```
# wbinfo -t  ← Winbind機構とADとの通信が行われているか。結果が「succeeded」となることを確認
checking the trust secret for domain ADDOM1 via RPC calls succeeded
# wbinfo -u  ←ユーザの一覧を列挙
Administrator
Guest
krbtgt
samba01
samba02
(省略)
# wbinfo -g  ←グループ一覧を列挙
Enterprise Read-Only Domain Controllers
Domain Admins
Domain Users
Domain Guests
Domain Computers
(省略)
# id administrator  ←指定したユーザのUID、GID情報を表示
uid=0(root) gid=100(users) groups=0(root),100(users),3000004(ADDOM1\Group Policy Creator ⏎
Owners),3000006(ADDOM1\Enterprise Admins),3000008(ADDOM1\Domain Admins),⏎
3000007(ADDOM1\Schema Admins)
# getent passwd 'ADDOM1\administrator'  ← 指定したユーザの詳細情報を参照
ADDOM1\Administrator:*:0:100::/home/ADDOM1/Administrator:/bin/false
```

以下、DC上のWinbind機構で作成されたユーザ、グループ情報をデフォルトから変更するための設定について説明します。

ただし、設定自体はある程度可能ですが、たとえばシェルやホームディレクトリを個別に設定できないなど、**4章**で説明したメンバサーバとしてのWinbind機構と比較すると、サポートされている機能は限定的ですので、留意してください。

> **Note**
>
> この件についてはSambaのメーリングリストでも、メンバサーバとしてのWinbind機構と同等の機能をサポートしてほしいという声はたびたび上がっているのですが、Samba開発元のSamba Teamとしては、SambaのDCはDC機能に特化した使用形態を推奨していることもあり、サポートには消極的な状態のまま、現在に至っています。

● ユーザ情報、グループ情報の変更

Samba 4.2以降でwinbinddを使用している場合は、**4.2節**で説明したパラメータは、原則として[注33]すべて同様に機能します。設定例を**リスト5-3-1**に示します。

リスト5-3-1 DCにおけるWinbind機構関連パラメータの設定例

```
winbind separator = +
winbind normalize names = yes
```

注33 筆者が確認した限り、winbind use default domainパラメータは設定にかかわらず、常にyesと同様に機能します。

```
template shell = /bin/bash
template homedir = /home/%U
```

リスト5-3-1の設定を行った環境における、Winbind機構で作成されたユーザ情報の表示例を示します。

```
# id addom1+user1
uid=3000027(user1) gid=100(users) groups=100(users),3000027(user1),3000001(BUILTIN+users)
# getent passwd user1
user1:*:3000027:100::/home/user1:/bin/bash
```

内蔵Winbind機構を使用している場合は、リスト5-3-1に示した中でwinbind normalize namesパラメータが機能しません。また、template homedirについては、Samba変数%Uや%Dを認識しないため、たとえば次のようにして設定する必要があります。

```
template homedir = /home/%WORKGROUP%/%ACCOUNTNAME%
```

◉UNIX属性の活用とUID、GIDの統一

DC上のWinbind機構のデフォルトでは、4.3節で説明したtdbバックエンドと同様に、UIDやGIDとして3000000以降の数値が順番に割り当てられます。ただし、Sambaサーバで次のパラメータ、

```
idmap_ldb:use rfc2307 = yes
```

を設定することで、DC上のWinbind機構が生成するユーザやグループのUIDやGIDとして、UNIX属性に設定された値が参照されるようになります。なお、DC構築時に--use-rfc2307オプションを指定した場合、上記パラメータが最初から設定されています。

4.3節のadバックエンドと類似していますが、この設定でUNIX属性を参照するようになるのはUIDとGIDの値だけです。本書執筆時点では、シェルやホームディレクトリの値を参照することはできません。

COLUMN　UIDやGIDを手作業で修正する

自動的に割り当てられたUIDやGIDの値ですが、次のようにしてマッピングファイルを直接編集することで変更できます。

```
# ldbedit -H /var/lib/samba/private/idmap.ldb
```

上記コマンドを実行すると、テキストファイル形式でLDB形式のデータベースの内容が表示

されます。各エントリは次のような一連の行から構成されています。

```
# record 21
dn: CN=S-1-5-21-3353516697-2704001408-2693642883-1607
cn: S-1-5-21-3353516697-2704001408-2693642883-1607
objectClass: sidMap
objectSid: S-1-5-21-3353516697-2704001408-2693642883-1607
type: ID_TYPE_BOTH
xidNumber: 3000024  ← 値を書き換える
distinguishedName: CN=S-1-5-21-3353516697-2704001408-2693642883-1607
```

　xidNumberがUIDやGIDの情報となりますので、値を書き換えて保存することで、UIDやGIDの値が変更されます。なお、重複チェックなどは行われませんので留意してください。また、この情報はDC間で複製されないので、UIDやGIDの統一が必要な場合は各DCで同様の作業を行う必要があります。

既存のSambaドメインからの移行

　samba-tool domain classicupgradeコマンドにより、Samba3で構築したNTドメイン（以下Sambaドメイン）からADドメインへのアップグレードができます。

　アップグレードは、NTドメインのDCであるSambaサーバ（以下現行Sambaサーバ）上で行い、現行SambaサーバをそのままADドメインのDCにしてしまう方式（インプレースアップグレード）、必要なファイルを新規Sambaサーバにコピーしたうえで、ADドメインのDCにアップグレードをしたうえで、最終的に現行Sambaサーバは停止する方式（ローリングアップグレード）いずれも可能です。基本的な考え方はどちらでも同一です。

　ただし、後述するように、アップグレードは何回かのリトライが必要となる可能性が高い作業です。インプレースアップグレードでリトライを行うためには事前バックアップ、事後リストアといった作業が必要かつその間Sambaサーバを停止させる必要もでてくるため、基本的にはローリングアップグレードの実施を強く推奨します。以下、アップグレードの手順と注意点について説明します。

● 現行Sambaサーバでのアップグレード準備

　アップグレードを行うためには、現行Sambaサーバのsmb.confファイルおよび/var/lib/samba[注34]以下のファイル一式が必要です。

　インプレースアップグレードを行う場合は、アップグレード中にこれらのファイルが上書きされてしまうため、必ず別のパスにコピーを作成したうえで、それらのファイルを移行元データとして指定する必要があります。たとえば/etc/smb3.confや/var/lib/

注34　FreeBSDの場合は/var/db/samba。

samba3のような名称にしておけばよいでしょう。

ローリングアップグレードを行う場合は、これらのファイルを新規Sambaサーバにコピーします。同じくアップグレード中に上書きされないよう、本来のパスとは別のパスに配置してください。

● LDAP認証の留意点

現行サーバでLDAP認証を使用している場合は、アップグレードの際に以下のいずれの方法を使用するかを決定したうえで、それに応じた準備をしておく必要があります。

- ① 現行Sambaサーバが現在参照しているLDAPサーバ（現行LDAPサーバ）を、アップグレードの際にも参照する

インプレースアップグレードを行う場合は、ネットワーク的に新規Sambaサーバから現行LDAPサーバを参照できる必要があります。また、現行Sambaサーバで現行LDAPサーバを、

```
passdb backend = ldapsam:ldap://localhost
```

のように指定している場合は、smb.confファイルのコピー後に、たとえば、

```
passdb backend = ldapsam:ldap://ldap.example.com/
```

のように、コピーしたsmb.confファイルの設定を変更しておく必要があります。

- ② LDAPサーバを新規構築して、そのLDAPサーバ（新規LDAPサーバ）を参照する

新規LDAPサーバの構築についての詳細は割愛します。OpenLDAPの場合はslapcatコマンドを使用して全データをエクスポートの上、新規LDAPサーバにインポートしてください。

①の場合と同様、必要に応じて、LDAPサーバ関連の設定は修正しておく必要があります。

アップグレード中に現行LDAPサーバの情報を更新することはないので、①が可能な環境であれば①の方式の使用をお勧めしたいところです。ただし、①の方式を使用する場合、後述するように認証データの内容に不整合があった際は、現行LDAPサーバに格納された認証データを修正する必要があります。その点も勘案すると、多少面倒でも②の方式で移行することをお勧めします。

● 新規Sambaサーバでのアップグレード実施

ここまで準備を行ったら、samba-tool domain classicupgradeコマンドを実行することで、新規Sambaサーバを、現行Sambaサーバの各種情報を移行したADドメインの

DCとして構築することが可能となります。

書式 `samba-tool domain classicupgrade --dbdir=設定ファイルの格納先 ［その他オプション］ Samba3のsmb.confファイル`

コマンドの主なオプションを表5-3-1に示します。

表5-3-1 samba-tool domain classicupgradeの主なオプション

オプション名	意味
--dns-backend=[SAMBA_INTERNAL, BIND9_DLZ, BIND9_FLATFILE, NONE]	使用するDNSの方式
--realm=レルム名	FQDNのドメイン名（レルム名）

このコマンドは、現行Sambaサーバのsmb.confと/var/lib/samba以下のファイルを格納したパスを引数にとることで、現行Sambaドメインのユーザ、グループ、コンピュータアカウントを引き継いだADドメインを新規に構築します。

実行例を次に示します。

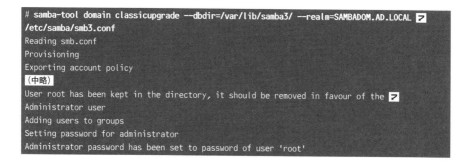

すべてうまくいけば、アップグレードは完了です。この状態は現行Sambaサーバから各種情報が引き継がれている点以外は、samba-tool domain provisionコマンドにより新規にADドメインを構築した状態と同様ですので、以降の設定は5.1節を参考にして進めてください。

 現行Sambaサーバを長く運用してきた場合は、SIDの重複など認証データの整合性の問題でアップグレードに失敗することがあります。この場合は、LDAPサーバ上のデータを直接修正するなど、手作業で重複を解消する必要があります。
また、同じ名前のユーザやグループが存在している場合や、日本語名のユーザやグループが存在している場合などにアップグレードに失敗することもあります。この際も一時的に名前を変更するなど、手作業でエラーを解消する必要があります。
Samba開発元のメーリングリストを見ていると、上記以外にも、現行Sambaサーバ側の各種ファイル内容の整合性などの問題で、アップグレードに失敗するケースが報告されています。筆者が執筆に際して検証した限りでは問題なく動作しましたが、とくに長期に運用してきたNTドメインをアップグレードする際には、なんらかのトラブルは覚悟したほうがよさそうです。

● アップグレード後の諸作業

アップグレードが完了したら、ADドメインのsambaプロセスを起動する前に、LDAPサーバが起動している場合は停止し、自動起動の設定が行われている場合は無効にしておいてください。

また、現行残念ながら一部の設定は移行されませんので、運用を開始する前に、スクリプトなどで設定を移行しておく必要があります。

COLUMN 既存のADドメインからの移行

WindowsサーバのDCで構築された既存のADドメインをSambaのDCに移行できます。これにより、たとえばサポート切れのWindows Server 2003からの移行が実現します。

移行は以下のような手順で行います。

・① 事前準備

既存のADドメインの機能レベルを最低でも「Windows Server 2003」にします。「Windows Server 2003混在」や、「Windows Server 2003中間」もサポートされていないため注意してください。

・② SambaのDC追加

本章で説明した手順にしたがって、追加のDCとしてSambaのDCを追加します。追加後に、ADの複製、ログオン、DNSなどの機能が正常に動作していることを確認してください。

・③ SYSVOL共有の複製

本章の**リスト5-1-7**に掲載したスクリプトなどを使用して、SYSVOL共有の内容をSambaに複製します。複製後に、SambaのDCがグループポリシーやログオンスクリプトを適切に提供できていることを確認してください。

・④ FSMOの移行

samba-tool fsmoコマンドなどを使用してFSMOを移行します。

・⑤ 時刻同期機構の構築

SambaをNTPサーバとして構築する、もしくはそのほかの方法でWindowsクライアントとの時刻同期を構成します。

・⑥ WindowsサーバのDCの撤去

WindowsサーバのDCを撤去します。前述したとおり本書執筆時点では、残念ながらWindowsサーバのDCの降格に失敗してしまいます。そのため、Windowsサーバ側ではDCの強制降格を行い、Samba側でも手作業でWindowsサーバのDCの情報を削除する必要があります。

第6章

Linuxマシンから Windowsマシンの共有に アクセスしよう!

Sambaの応用設定(4): クライアント機能編

前章までは、Sambaをサーバとして構築して、Windowsマシンからアクセスさせるためのさまざまな機能について説明してきました。

本章ではここまでとは逆に、Sambaやプラットフォームの機能を用いてWindowsサーバの共有に対してアクセスする方法について紹介します。

6-1 smbclientコマンドによるWindowsファイル共有へのアクセス

Sambaには、Windowsサーバ[注1]やほかのSambaサーバが提供する共有にアクセスするためのツールとして、smbclientというコマンドが用意されています。このコマンドを用いることにより、FTPコマンドのような操作感でWindowsのファイル共有にアクセスしてファイルのダウンロードやアップロードを行うことができます。

smbclientによるファイル操作

smbclientコマンドによる基本的な実行例を示します。

```
$ smbclient //win10ent-01/temp -U monyo
Enter monyo's password: ← Windowsサーバ上のユーザmonyoのパスワード
Domain=[ADDOM1] OS=[Windows 10 Pro 10240] Server=[Windows 10 Pro 6.3]
smb: \> dir
  .                                   D        0  Sun Sep  6 13:15:19 2015
  ..                                  D        0  Sun Sep  6 13:15:19 2015
  LOCAL1.TXT                          A        7  Sun Sep  6 13:10:16 2015
  LOCAL2.TXT                          A       10  Sun Sep  6 13:10:28 2015
  テスト1.TXT                         A        7  Sun Sep  6 13:15:19 2015

            65022 blocks of size 2097152. 58468 blocks available
smb: \> get テスト1.TXT   ←ファイルのダウンロード
getting file \テスト1.TXT of size 7 as テスト1.TXT (0.1 KiloBytes/sec) (average 0.1 ❷
KiloBytes/sec)
smb: \> put samba.txt サンバ.txt  ← ファイルのアップロード
putting file samba.txt as \サンバ.txt (0.3 kb/s) (average 0.3 kb/s)
smb: \> quit
$ ls  ←ダウンロードしたファイルの確認
テスト1.TXT  samba.txt
```

ここでは「¥¥win10ent-01¥temp」というUNCで指定されたWIN10ENT-01というWindowsサーバ (Windows 10 Enterprise) のtemp共有にユーザmonyoとしてアクセスしています[注2]。

適切なパスワードを入力することで、ログインに成功して「smb: \>」というプロンプトが表示されます。ここでFTPに類似した各種コマンド(便宜上操作コマンドと呼称)

注1 本章でWindowsサーバと記載した場合は、ファイルサーバとして構成されたWindowsクライアントを含みます。
注2 UNCとしては、¥¥192.168.0.1¥tempのようにIPアドレスで指定してもかまいません。

を入力することによりファイル操作を行うことができます。

● 操作コマンド

基本的な操作コマンドを表6-1-1に示します。大半のコマンドはFTPと共通ですので、FTPを操作できる方であれば違和感なくファイル操作ができると思います。

表6-1-1 基本的な操作コマンド

コマンド名	解説
?	利用可能な操作コマンド一覧を表示する
? 操作コマンド	操作コマンドのヘルプを表示する
..	親ディレクトリに移動する
! コマンド	UNIXマシン上の任意のコマンドを実行する
exit / quit	smbclientを終了させる
cd [directory]	カレントディレクトリを変更する。ディレクトリ名を指定しなかった場合はカレントディレクトリを表示する
md / mkdir ディレクトリ	ディレクトリを作成する
rd / rmdir ディレクトリ	ディレクトリを削除する
dir / ls マスク	指定したファイル名のファイル一覧を表示する
get リモート名 [ローカル名]	ファイルをダウンロードする
mget マスク	指定したファイル名を一括でダウンロードする
mput マスク	指定したファイルを一括でアップロードする
put <ローカル名> [リモート名]	ファイルをアップロードする
del マスク	指定したファイル名のファイルを削除する

表6-1-1でmaskと記載した部分のファイル名には、「*」や「?」といったワイルドカードを指定することもできます。たとえば「del dame*」と入力することで、dameから始まるファイルがすべて削除されます。

● 日本語ファイル名の設定

smbclientで日本語ファイル名を扱うこともできます。ただし文字化けを防ぐためには、以下の条件がそろっている必要があります。

- ① コマンドプロンプトで日本語が正しく表示できる設定になっている[注3]
- ② 2.2節で解説したdos charsetおよびunix charsetパラメータが適切に設定されている
- ③ ホームディレクトリ直下の.inputrcというファイルに以下の設定が行われている[注4]

[注3] 具体的にはLANG環境変数などのロケールが適切に設定されている必要があります。たとえば端末がUTF-8で表示する設定になっている場合、ロケールは通常ja_JP.UTF-8、EUCの場合はja_JP.eucJPに設定されている必要があります。

[注4] 環境によっては、この設定は不要です。

```
set convert-meta off
set meta-flag    on
set input-meta   on
set output-meta  on
```

①②の設定を適切に行う上では、端末エミュレータ（コマンドプロンプト）の文字コード、smb.confのunix charsetの設定、ロケールの設定の3つがそろっている必要があります。smb.confの設定とロケールの設定の対応を**表6-1-2**に示します。

端末エミュレータの設定については、使用している端末エミュレータのドキュメントを参照の上設定してください。

上記設定が日常的に用いているsmb.confの設定と異なる場合は、別のsmb.confファイルを使用することができます。たとえば**リスト6-1-1**のようなファイルを/etc/samba/smbclient.confという名前で作成して、smbclientコマンド起動時に「-s /etc/samba/smbclient.conf」のように指定することで、smb.confファイルに代わってsmbclient.confファイルの内容を読み込むことができます。

リスト6-1-1 smbclient.confファイル

```
[global]
  dos charset = CP932
  unix charset = EUCJP-MS
```

表6-1-2 unix charsetとロケールの対応表

unix charset	ロケール
UTF-8	ja_JP.UTF-8
EUCJP-MS	ja_JP.eucJP
CP932	ja_JP.SJIS

smbclientによるバッチ処理

smbclientコマンドではバッチ処理を行うこともできます。

● 認証情報の非対話的な入力

ユーザを指定する-Uオプションでは、次のように%に続いてユーザのパスワードをを指定することで非対話的なログインを行うことができます。/を用いることでユーザの所属するドメインを指定することもできます。指定できる形式としては、次のようなものがあります。

- username
- workgroup/username
- username%password
- workgroup/username%password

Note

workgroupの指定は、たとえばドメインに参加しているマシン上で、ドメインのユーザで認証するか、ローカルマシンのユーザで認証したいかを明示的に指定したい場合などに使用します。たとえばADDOM1というADドメインに参加しているWINPCというメンバサーバの場合、ドメインのユーザで認証したい場合はworkgroupに「addom1」、WINPCのユーザで認証したい場合はworkgroupに「winpc」を指定します。

例として、ユーザmonyoのパスワードがdamedameの場合、次のように実行することで対話的なパスワード入力なしでアクセスができます。

```
$ smbclient //win10ent-01/temp -U monyo%damedame
Domain=[ADDOM1] OS=[Windows 10 Pro 10240] Server=[Windows 10 Pro 6.3]
smb: \>
```

ただし、上記の方法ではパスワード文字列がコマンドラインに含まれてしまうため、タイミングによっては別のユーザからパスワードがわかってしまうという問題があります。非対話的なパスワード入力を安全に行いたい場合は、次のようなファイルを作成して適切なパーミッションを設定したうえで、-Aオプションで該当のファイルを指定します。

```
username = ユーザ名
password = パスワード
domain   = ドメイン名
```

前述の例ではたとえば、

```
username = monyo
password = damedame
```

というファイルをsmbclient.secretというファイル名で作成したうえで、次のように実行することで先の例と同様に非対話的なアクセスが可能です。

```
$ smbclient //win10ent-01/temp -A smbclient.secret
Domain=[ADDOM1] OS=[Windows 10 Pro 10240] Server=[Windows 10 Pro 6.3]
smb: \>
```

●操作コマンドの自動実行

-cオプションに続いて操作コマンドを記述することで、操作コマンドをバッチ的に実行できます。複数の操作コマンドを記述する場合は間を「;」で区切ります。シェルが展開しないように「'」などで囲むのを忘れないようにしてください。実行例を次に示します。

```
$ smbclient -A smbclient.secret //win10ent-01/temp -c 'get LOCAL2.txt; dir'
Domain=[ADDOM1] OS=[Windows 10 Pro 10240] Server=[Windows 10 Pro 6.3]
getting file \LOCAL2.txt of size 10 as LOCAL2.txt (4.9 KiloBytes/sec) (average
4.9 KiloBytes/sec)
  .                                    D        0  Sun Sep  6 13:16:48 2015
  ..                                   D        0  Sun Sep  6 13:16:48 2015
  LOCAL1.TXT                           A        7  Sun Sep  6 13:10:16 2015
  LOCAL2.TXT                           A       10  Sun Sep  6 13:10:28 2015
  テスト1.TXT                          A        7  Sun Sep  6 13:15:19 2015

                65022 blocks of size 2097152. 58591 blocks available
```

この例ではLOCAL2.txtをgetしてから、dirでファイル一覧を表示しています。

> **Note**
>
> 次のコマンドを実行すると、認証に成功すれば0、失敗すると1がsmbclientの戻り値として返却されますので、スクリプトなどで認証成否による処理の分岐に用いることができます。
>
> ```
> $ smbclient //サーバ名/ipc$ -U ユーザ名%パスワード -c quit > & /dev/null
> ```

COLUMN　netコマンド

Sambaにはnetという多機能なコマンドが用意されており、リモートのWindowsサーバやSambaサーバに対してさまざまな操作を行うことができます。リモートのWindowsサーバのユーザー一覧を表示する実行例を次に示します。

```
$ net rpc user -l -S win10pro-1 -U monyo

User name                  Comment
-------------------------------
Enter monyo's password:  ← monyoのパスワードを入力
Administrator              コンピューター/ドメインの管理用（ビルトイン アカウント）
DefaultAccount             システムで管理されるユーザー アカウントです。
Guest                      コンピューター/ドメインへのゲスト アクセス用（ビルトイン アカウント）
monyo                      (null)
```

このコマンドは、Windowsのnetコマンドと類似の機能を持っていますが、はるかに多機能で、ユーザ、グループ、ファイル共有などに対して、一覧、追加、削除などさまざまな操作を行うことが可能なだけではなく、Sambaサーバ固有の機能についてもさまざまな操作ができます。net groupmapコマンドなど、netコマンドの（ごく）一部の機能についてはこれまでの章で紹介しています。

ただしnetコマンドの大半の機能はリモートからの管理に関するもののため、Sambaの管理上必須の機能ではありません。そのため、netコマンドについての網羅的な紹介は本書では割愛します。

興味のある方はnetコマンドのドキュメントなどを参照してください。

6-2
Windowsマシンのファイル共有のマウント

厳密にはSambaの機能ではありませんが、Linux、FreeBSDともにWindowsマシンの共有をファイルシステムの一部としてマウントする機能がプラットフォームの機能の1つとして備わっています。

Linuxのcifsモジュール

Linuxカーネルには、Windowsサーバのファイル共有をマウントするcifsというファイルシステムモジュールが実装されています。ここでは便宜上cifsモジュールと呼称します。これはLinuxカーネルの機能であり、使用に際してSambaサーバが動作している必要はなく、smb.confファイルの設定も参照されません。

CentOS、Ubuntu Serverいずれも、cifs-utilsパッケージをインストールすることで、Samba本体のインストール状態とは無関係に、cifsモジュールをインストールできます。

> **Note**
> 以前のLinuxではsmbfsという同様の機能を持つモジュールが提供されていました。オプションなどは基本的に同一ですので、古いLinuxを使っている場合は、以下の説明のcifsの部分をsmbfsに読み替えてください。

●基本的なマウント

cifsモジュールによる基本的なマウントの実行例を次に示します。

```
# mount -t cifs -o rw,username=monyo,iocharset=utf8,noperm //win10pro-1/temp /smb1
Password for monyo@//win10pro-1/temp:  ← Windowsユーザmonyoのパスワード
# df    ← マウント状態の確認
Filesystem                       1K-blocks      Used Available Use% Mounted on
/dev/mapper/ubuntu1404--2--vg-root 130176588   1410564 122130300   2% /
(中略)
/dev/sda1                          240972     37051    191480  17% /boot
//win10pro-1/temp               132655100  15963600 116691500  13% /smb1
# ls -la /smb1    ←ディレクトリ内容を表示
total 6
drwxr-xr-x  2 root root    0 Sep  6 16:18 .
drwxr-xr-x 23 root root 4096 Sep  6 14:36 ..
-rwxr-xr-x  1 root root    9 Sep  6 16:18 テスト1.txt
-rwxr-xr-x  1 root root    9 Sep  6 16:17 LOCAL1.TXT
-rwxr-xr-x  1 root root   10 Sep  6 16:17 LOCAL2.TXT
```

ここでは、前述したsmbclientの例に倣って「¥¥win10pro-1¥temp」というUNCで示されるWIN10PRO-1というWindowsサーバのtemp共有を/smb1というパスにマウントしています。

CIFSモジュールの書式は標準のmountコマンドに準拠しており、-tに続いてファイルシステムの形式としてcifs（smbfsモジュールの場合はsmbfs）を指定したうえで、-oに続いて、

- 読み書き可能な状態でマウントすること（rw）
- Linux側でファイル名を表示する文字コードとしてUTF-8を使用すること（iocharset=utf8）
- Windowsサーバにはユーザmonyoとしてアクセスすること（username=monyo）
- パーミッションによるアクセス制御を行わないこと（noperm）

を指定しています。マウント先は「//サーバ名/共有名」もしくは「//IPアドレス/共有名」で指定します。

個人環境もしくは一時的なファイル共有のために使用する場合は、iocharsetオプション以外はこの実行例に倣って設定すれば十分でしょう。なおアンマウントは一般のファイル共有と同じくumountコマンドで行います。実行例を次に示します。

```
# umount /smb1
```

iocharsetオプションで指定する文字コードについては、Linuxサーバで使用している文字コードに応じて表6-2-1の中から適切なものを選択してください[注5]。

表6-2-1 日本語関連の文字コードの値

オプション名	文字コード
cp932、sjis	CP932（シフトJIS）
euc-jp	EUC-JP
utf8	UTF-8

iocharsetオプションで指定する文字コードは、実際にはモジュール名を示します。そのため、存在しない文字コード（次の例ではutf-8）を指定すると、マウントに失敗します。

```
# mount -t cifs -o rw,username=monyo,noperm,iocharset=utf-8 //win10pro-1/temp /smb1
Password for monyo@//win10pro-1/temp:
mount error(79): Can not access a needed shared library
Refer to the mount.cifs(8) manual page (e.g. man mount.cifs)
```

注5　ここではLinuxカーネルがサポートするNLSモジュールの中から適切なモジュール名を選択する必要があります。Sambaのunix charsetパラメータとは関係ありません。表6-2-1では日本語に関連するNLSモジュールのみを記載しました。

> **Note**
> smbfsモジュールを用いる場合は、日本語を正しく扱うためにiocharsetオプションに加え、必ず「codepage=cp932」という設定を行う必要があります。

● ファイル共有のアクセス制御

cifsモジュールによりマウントした共有内のファイルに対するアクセス制御について、図6-2-1に概念図を示します。

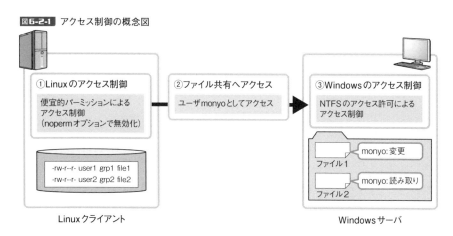

図6-2-1 アクセス制御の概念図

共有内のファイルについては、最初に①ファイルのパーミッションによるアクセス制御が行われます。マウントしたファイル共有上のファイルの所有者、所有グループやパーミッションは、Windowsに該当する概念がないためcifsモジュールによって便宜的に割り当てられます。本書ではこれを便宜的パーミッションと呼称します。

便宜的パーミッションは各種オプションにより設定できますが、一律の設定となる点に加え、マウントを解除した時点で設定が消失するため、実用上これをアクセス制御に使用することはお勧めできません。そのため、前述の例のようにnopermオプションを指定してマウントすることで、便宜的パーミッションによるアクセス制御を無効にすることをお勧めします。

Windowsサーバのファイル共有にアクセスする際は、②アクセスする時点でユーザ認証が行われていますので、共有内のファイルへのアクセスは認証されたユーザの権限で行われます。cifsモジュールでマウントしたファイル共有内のファイルに対するアクセスも、同様にusernameオプションで指定したユーザの権限で行われます。

最終的に、③Windowsサーバでのアクセス制御が行われますが、どのUNIXユーザからアクセスした場合もユーザmonyoの権限でファイルやフォルダに対するアクセス許可のチェックが行われます。

前述した実行例では、便宜的パーミッションとして、所有者、所有グループはroot
でパーミッションが644や755になっていますが、nopermオプションにより、これら
の設定は無視されます。
　そのため、rootユーザも含め、どのユーザからアクセスを行っても、Windowsサー
バのユーザmonyoが読み書き可能なファイルやフォルダであれば、読み書きできます。

● マウントの自動化

　一般のファイルシステムと同様、cifsモジュールによりWindowsのファイルシステ
ムを自動でマウントさせることができます。静的にマウントする場合は/etc/fstabファ
イルで設定を行います。**リスト6-2-1**に設定例を示します。

リスト6-2-1 fstabの設定例

```
# <file system>  <mount point>   <type>   <options>                        <dump>   <pass>
//win10pro-1/temp   /smb1         cifs    rw,credentials=/etc/samba/cifs-smb1.secret,⏎
iocharset=utf8,noperm 0        0
```

　smbclientで説明したのと同じ理由で、自動的にマウントさせる場合は認証情報をファ
イルで指定することを強くお勧めします。ファイル名はcredentialsオプションで指定
します。ファイルの形式はsmbclientの-Aオプションとほぼ同様ですが、「=」のあとに
はスペースを入れずに直接ユーザ名やパスワードを入力してください。次に例を示しま
す。

```
username=monyo
password=damedame
```

　ファイルが他人に見られないように、適切なパーミッション（通常600）の設定を忘
れないようにしてください。なお、ゲスト認証でアクセスする場合は、credentialsオプ
ションの代わりにguestオプションを指定します。
　静的にマウントさせる場合は、マウント先のWindowsマシンがクラッシュしてしまっ
た場合にマウントのリトライが無限ループにならないよう、可能な限りautomountに
よる動的マウントをお勧めします。
　CentOS、Ubuntu Serverともにautofsパッケージをインストールのうえ、たとえば
auto.miscに次のような行、

```
smb1   -fstype=cifs,rw,noperm,credentials=/etc/samba/cifs-smb1.secret,iocharset=utf8 ://⏎
win10pro-1/temp
```

を追加の上、Ubuntu Serverでは/etc/auto.masterファイルの以下の行、

```
/misc    /etc/auto.misc
```

のコメントを外すことで、/misc/smb1にアクセスした際に自動的に//win10pro-1/tempをマウントさせることができます。CentOSではこの行がデフォルトで有効になっています。これ以外の設定方法については、automountのマニュアルページなどを参照してください。

FreeBSDのsmbfsモジュール

FreeBSDを始めとするBSD系のUNIXには、Windowsファイル共有にアクセスするためのsmbfsというカーネルモジュールが存在します。便宜上これをsmbfs（BSD）モジュールと呼称します。Linuxのcifsモジュールと同様、これはカーネルの機能であり、Sambaとは本質的に無関係です。

◉ 基本的なマウント処理

smbfs（BSD）モジュールによるマウントの実行例を次に示します。

```
# mount_smbfs -E euc-jp:cp932 -f 666 -d 777 //monyo@win10pro-1/temp /smb1
Password:  ← Windowsユーザmonyoのパスワード
# df       ← マウント状態の確認
Filesystem          1024-blocks      Used     Avail Capacity  Mounted on
/dev/ada0p2             7705464   2860180   4228848    40%    /
devfs                         1         1         0   100%    /dev
//MONYO@WIN10PRO-1/TEMP 132655100 15958628 116696472    12%    /smb1
root@fbsd10-2:/ # ls -la /smb1
total 20
drwxrwxrwx   1 root  wheel  16384  1月  1  1970 .
drwxr-xr-x  19 root  wheel   1024  9月  6 21:23 ..
-rw-rw-rw-   1 root  wheel      9  9月  6 16:17 LOCAL1.TXT
-rw-rw-rw-   1 root  wheel     10  9月  6 16:17 LOCAL2.TXT
-rw-rw-rw-   1 root  wheel      9  9月  6 16:18 テスト1.txt
```

ここでは前述したsmbclientの例に倣って「¥¥win10pro-1¥temp」というUNCの共有を/smb1にマウントしています。

ファイル共有のマウントはmount_smbfsコマンドで行います。mount_smbfsコマンドの書式を以下に示します。

書式 mount_smbfs オプション //ユーザ名@コンピュータ名/共有名 /マウント先

個人環境もしくは一時的なファイル共有のために使用する場合は、文字コードを意味する-Eオプション以外はこの実行例に倣って設定すれば十分でしょう。なおアンマウントは、一般のファイル共有と同じくumountコマンドで行います。実行例を以下に示します。

```
# umount /smb1
```

-EオプションではFreeBSDで使用する文字コードとWindowsマシンで使用する文字コードを「:」で区切って指定します。日本語環境の場合後者は必ずcp932になります。前者に指定可能な値については**表6-2-2**を参照してください。

表6-2-2 -Eオプションで指定可能な値

オプション値	意味
cp932	シフトJIS
euc-jp	EUC-JP

このほかのオプションの意味や考え方などはcifsモジュールと共通です。smbfs(BSD)にはnopermオプションがないため、「-f 666 -d 777」オプションにより、共有内のファイルやディレクトリをパーミッション上は誰でも読み書き可能に設定しています。

なおゲスト共有にアクセスする場合は-Nオプションを指定します。

 smbfs（BSD）は、SMB署名やNTLMv2といった高度なセキュリティ機能を実装していませんので、Windowsサーバのセキュリティを下げないと接続できない場合があります。

●マウントの自動化

mount_smbfsコマンドのオプションは、以下のファイルで指定することができます。

・① /.nsmbrc
・② /etc/nsmb.conf

ファイルの文法は①、②ともに同一ですが、設定が重複した場合②が優先されます。ファイル中にパスワードを含む適切なオプションを指定することで、cifsモジュールと同様に安全に自動実行を行うことが可能となります。設定例を**リスト6-2-2**に示します。

リスト6-2-2 /etc/nsmb.confの設定例

```
[default]   ←ここからデフォルトのオプション設定
  charsets=euc-jp:cp932   ← -E オプションの値
  nbns=192.168.1.1   ← WINSサーバのIPアドレス

[WIN10PRO-1:MONYO:TEMP]   ← ここから//win10pro-1/tempにmonyoで接続する際のオプション設定
                              （「サーバ名:Windowsサーバのユーザ:共有名」）
  password=damedame   ← パスワード

[WIN10PRO-1:MONYO:TEMP2]   ← 別の共有にアクセスする際の設定
  ...
```

「[WIN10PRO-1:MONYO:TEMP]」という共有名やアカウントの指定はすべて大文字で

行ってください。これにより、次のようにパスワード入力なしでマウントを行うことができます[注6]。

```
# mount_smbfs -f 666 -d 777 //monyo@win10pro-1/temp /smb1
```

このコマンドを/etc/rc.localファイルなどで指定することで自動マウントが実現します。

これ以外のオプションについては、/usr/share/examples/smbfs/dot.nmbrcというファイルに解説のはいったサンプルがありますので、詳細はそちらを参照してください。このファイルにパスワードを記載する場合は、cifsモジュールと同様、適切なパーミッションでファイルを保護するのを忘れないようにしてください。

注6 -fや-dオプションに相当する設定を、ファイルで行うことはできないようです。

INDEX

記号／アルファベット

[]..47	lokkit コマンド 28
=...47	map to guest パラメータ 103, 104
ACL..126	MD5 ハッシュ 66
ACL の有効化 128	mount_smbfs コマンド 251
Active Directory 16	nbtstat コマンド 43
AD ドメイン 150	net ads join コマンド 153
AD ドメインの管理 221	netbios aliases パラメータ 57
ad バックエンド 183	net groupmap add コマンド 135
apt-get install samba コマンド 32	net groupmap list コマンド 135
apt-get update コマンド 32	net rpc join コマンド 160
available パラメータ 93	net sam コマンド 186
bind interfaces only パラメータ 60	net コマンド 246
BIND 連携 207	NIS サーバ 182
boolean 48	nmb 30
browseable パラメータ 93	nmbd 39
CentOS 23	nmtui コマンド 24
cifs モジュール 247	NSS 機能 161
comment パラメータ 92	NTFS 144
CUPS...60	NTLM ハッシュ 66, 73
DNS サーバの構築と設定 205	NTP 152
DNS の管理 232	NTP サーバの構築と設定 210
dpkg -i コマンド 34	ntsysv コマンド 31
EUC-JP 54	NT ドメインへの参加 159
firewall-cmd コマンド 27	pam_mkhomedir モジュール 170
firewalld 29	PAM_SMBPASS 83
FreeBSD 34	pam_winbind モジュール 169
FSMO..225	PAM の設定ファイル 171
FTP..15	PAM モジュール 169
FTP コマンド 242	pdbedit コマンド 68
full_audit 122	ping コマンド 43
full_audit モジュール 121	pkg search samba コマンド 35
global セクション 47, 53	pkg コマンド 35
GPL 22	rc.conf ファイル 34
guest ok パラメータ 104	realm パラメータ 152
Guest ユーザ 101	recycle:maxsize パラメータ 118
hide files パラメータ 113	Red Hat Enterprise Linux 23
homes セクション 99	rid バックエンド 179
hostname コマンド 57	RPM パッケージ 27
HTTP プロキシ経由でのインストール 27, 33	samba 39
idmap config パラメータ 177	samba-tool dns serverinfo コマンド 233
Idmap バックエンド 176	samba-tool domain classicupgrade コマンド
include パラメータ 93	....237, 238
initctl コマンド 34	samba-tool domain demote コマンド 223
interfaces パラメータ 59, 60	samba-tool domain join コマンド 215
invalid users パラメータ 98	samba-tool domain provision コマンド
IP アドレス 97	....202, 239
IP アドレスの設定 23	samba-tool domain コマンド 223
Kerberos 認証 151	samba-tool group コマンド 231
LANMAN ハッシュ 73	samba-tool ntacl sysvolreset コマンド 217
LDAP 認証 238	samba-tool passwordsettings コマンド 224
log level パラメータ 61	samba-tool user add コマンド 227
	samba-tool コマンド 201, 230

254

索引

Samba サーバのインストール ... 32
Samba デーモン ... 152
Samba の起動と停止 ... 30, 34, 37
Samba の沿革 ... 19
Samba のライセンス ... 22
Samba 変数 ... 48
Samba ユーザの作成 ... 68, 75
Samba ユーザのパスワード変更 ... 69
SELinux ... 74, 90
SELinux 無効化 ... 30
service コマンド ... 31
setfacl コマンド ... 142
SIGTERM シグナル ... 39
smb ... 30
smbclient というコマンド ... 242
smb.conf ... 89
smb.conf ファイルのパス ... 46
smbcontrol コマンド ... 61
smbd ... 39
smbfs ... 247
smbfs（BSD）モジュール ... 251
smbpasswd コマンド ... 68
smbpasswd ファイル形式 ... 72
smbstatus コマンド ... 63
socket address パラメータ ... 60
store dos attributes パラメータ ... 111
sudo -E コマンド ... 33
systemctl コマンド ... 30
SYSVOL 共有 ... 217
testparm コマンド ... 50
Ubuntu Server ... 31
umount コマンド ... 251
UNC パス ... 56
Unicode ... 54
unix extensions パラメータ ... 115
username map パラメータ ... 84
Username Map ファイル ... 84
UTF-8 ... 55
valid users パラメータ ... 99
veto files パラメータ ... 106, 113
Visual Studio のプロジェクト ... 113
winbindd ... 39
Winbind 機構 ... 16, 161
Winbind 機構のインストール ... 162
Windows クライアント ... 41
Windows サーバのファイル共有をマウント ... 247
WinSCP ... 15
WINS サーバ機能 ... 17
write list パラメータ ... 98, 103
yum コマンド ... 25

あ行

アクセス制御 ... 96, 173
アクセスの監査 ... 120
値 ... 47
アップグレード ... 237
エラーメッセージ出力の抑止 ... 60

か行

改行コード ... 91
書き込み権 ... 95

隠し共有 ... 92
拡張属性 ... 111
拡張属性の有効化 ... 112
ゲスト認証 ... 101
コードページ ... 54
ごみ箱 ... 115
コメント ... 47, 92

さ行

最短パスワード長 ... 71
サポートポリシー ... 21
時刻同期のずれ ... 157
時刻同期の設定 ... 220
実行権ビット ... 139
シノニム ... 49
シフト JIS ... 54
所有グループ ... 94
真偽値 ... 48
シンボリックリンク ... 114
正規化 ... 50
セキュリティ ... 42
セクション ... 47
ソースコードからの Samba のインストール ... 38
ゾーン ... 29

た行

デフォルト ACL ... 130
ドメイン ... 194
ドメインコントローラ ... 151, 194
ドメインコントローラ機能 ... 20

な／は行

波ダッシュ問題 ... 56
パーミッション ... 91, 94
パスワードの同期 ... 81
パラメータ ... 47
反意シノニム ... 50
表示や読み取りの禁止 ... 104
ファイアウォール ... 27, 42
ファイル共有 ... 47
ファイル共有の基本設定 ... 89
ファイルサーバ機能 ... 15
ファイル属性 ... 109
複雑なパスワードを強制する ... 85
プリンタ共有 ... 47, 123
プリンタサーバ機能 ... 16
ホームディレクトリのパスの変更 ... 100

ま／や行

マスク ... 130
文字コード ... 53
文字化け ... 55
有効なパラメータ行の抽出 ... 52
読み取り専用 ... 91
レルム名 ... 155
ローカルグループ ... 184
ログイン ... 66
ログレベル ... 60
ロケール ... 79
ワークグループ ... 57
ワイルドカード ... 105

255

著者略歴

髙橋 基信（たかはし もとのぶ）

長年にわたり、株式会社NTTデータにて、システム構築技術全般に関する技術支援業務に従事する。UNIX、Windows両プラットフォームやインターネット周りを中心とした技術支援業務を行なう中で、接点ともいうべきSambaに関する造詣を深める。1999年の日本Sambaユーザ会発足時より中核メンバとして活動し、Samba 3.0系列への国際化機能の取り込みに尽力するなど、国内におけるSambaの第一人者としてその普及、発展に努める。2011年4月には集大成として『改訂版Sambaのすべて（翔泳社刊）』を出版した。近年はNTTデータ先端技術株式会社にて、主としてマイクロソフト製品・技術を用いたOA基盤構築を推進しながら、趣味の声楽やオルガン演奏などを楽しんでいる。

カバーデザイン●西岡 裕二
DTP・本文レイアウト●SeaGrape
編集担当●金田 冨士男

Software Design plus シリーズ
［改訂新版］
サーバ構築の実例がわかる
Samba［実践］入門

2010年11月5日　初版　　　第1刷発行
2016年 4月5日　改訂新版　第1刷発行

著　者　髙橋 基信
発行者　片岡 巌
発行所　株式会社技術評論社
　　　　東京都新宿区市谷左内町21-13
　　　　電話　03-3513-6150　販売促進部
　　　　　　　03-3513-6170　雑誌編集部
印刷／製本　港北出版印刷株式会社

定価はカバーに表示してあります。

本書の一部または全部を著作権法の定める範囲を越え、無断で複写、複製、転載、あるいはファイルに落とすことを禁じます。

© 2016　髙橋 基信

造本には細心の注意を払っておりますが、万一、乱丁（ページの乱れ）や落丁（ページの抜け）がございましたら、小社販売促進部までお送りください。送料小社負担にてお取り替えいたします。

ISBN978-4-7741-8000-7　C3055
Printed in Japan

本書に関するご質問につきましては、記載されている内容に関するものに限定させていただきます。本書の内容と直接関係のないご質問につきましては、一切、お答えできませんので、あらかじめご了承ください。
また、お電話での直接の質問は受け付けておりませんので、FAXあるいは書面にて、下記までお送りいただくか、弊社ホームページの該当書籍のコーナーからお願いいたします。
また、ご質問の際には『書籍名』と『該当ページ番号』、『お客様のマシンなどの動作環境』、『e-mailアドレス』を明記してください。

【宛先】
〒162-0846
東京都新宿区市谷左内町21-13
株式会社 技術評論社　雑誌編集部
［改訂新版］サーバ構築の実例がわかる
Samba［実践］入門　質問係
FAX：03-3513-6179

■技術評論社Web
http://book.gihyo.jp/

お送りいただきましたご質問には、できる限り迅速にお答えをするように努力しておりますが、場合によってはお答えするまでに、お時間をいただくこともございます。回答の期日をご指定いただいても、ご希望にお応えできかねる場合もございます。あらかじめご了承ください。
なお、ご質問の際に記載いただいた個人情報は、質問の返答以外の目的には使用いたしません。